电工电子实训与电工考证指导书

主　编　郑清兰　陈寿坤
副主编　陈永健

北京理工大学出版社
BEIJING INSTITUTE OF TECHNOLOGY PRESS

内 容 简 介

本书的内容涉及电子实训、电工实训及电工考证三大部分知识点，覆盖了工科的多个专业，可根据专业需要选择实训项目，目的在于培养本科应用型人才，提高学生的动手操作能力，达到理论与实践相结合的目的。电子和电工实训部分将学生学过的理论知识进行组合应用到实训中，将基本技能训练、基本工艺知识和创新启蒙有机结合，为学生的实践能力和创新精神构筑一个基础实训平台，能有效地巩固学生所学知识，提高学生的动手操作能力。电工考证部分为学生考取电工证提供帮助。

本书可作为高校电工电子实训教材，也可作为相关从业人员的参考书。

图书在版编目（CIP）数据

电工电子实训与电工考证指导书／郑清兰，陈寿坤主编 . —北京：北京理工大学出版社，2017.8（2024.8重印）

ISBN 978 – 7 – 5682 – 4783 – 2

Ⅰ . ①电…　　Ⅱ . ①郑…②陈…　　Ⅲ . ①电工技术 – 高等学校 – 教材②电子技术 – 高等学校 – 教材　　Ⅳ . ①TM②TN

中国版本图书馆 CIP 数据核字（2017）第 213179 号

出版发行／北京理工大学出版社有限责任公司	
社　　址／北京市海淀区中关村南大街 5 号	
邮　　编／100081	
电　　话／（010）68914775（总编室）	
（010）82562903（教材售后服务热线）	
（010）68948351（其他图书服务热线）	
网　　址／http：//www. bitpress. com. cn	
经　　销／全国各地新华书店	
印　　刷／三河市天利华印刷装订有限公司	
开　　本／787 毫米 × 1092 毫米　1/16	
印　　张／13.75	责任编辑／封　雪
字　　数／330 千字	文案编辑／张鑫星
版　　次／2017 年 8 月第 1 版　2024 年 8 月第 5 次印刷	责任校对／周瑞红
定　　价／38.00 元	责任印制／施胜娟

前 言

Qianyan

电工电子实训是高校工科电类和少量非电类专业学生必修的实践课程，学生通过稳压电源设计、秒表的设计与制作等电子工艺项目的学习和实际动手实践，认识并掌握常用电子元器件的正确识别与检测方法，熟悉电子产品装调工艺的基本知识和要求，了解电子产品的设计过程，掌握电子产品的手工焊接、装配和调试技术；通过电工实训项目的理论学习和实际操作掌握交流接触器、中间继电器等低压电器的使用基本知识和基本技能；掌握安全用电的基本知识，在实训过程中通过对不同继电接触控制电路项目的安装调试及通电运行获得对交流电的安全使用的能力，培养学生的实际动手能力，能够初步具有进行电工电路的设计、应用的基本技能，提高学生电工电子课程的理论知识和基本电路设计的能力，为后绪进一步学习专业课程、毕业设计等打下坚实的实践基础。

党的二十大报告指出"深化教育领域综合改革，加强教材建设和管理，完善学校管理和教育评价体系，健全学校家庭社会育人机制。加强师德师风建设，培养高素质教师队伍，弘扬尊师重教社会风尚。推进教育数字化，建设全民终身学习的学习型社会、学习型大国"。本书的编写认真贯彻党的教育方针，从学生需求出发，将电工电子实训和电工考证培训内容相结合，全面提高教育教学质量。

本书的内容涉及电子工艺实习、电工实训及电工考证培训三大部分知识点，覆盖了工科的多个专业，可根据专业需要选择实训项目。其中电工实训部分包括常用低压电器及常用继电接触控制电路的安装和调试；电子工艺实习部分包括常用电子元器的识别及一些综合设计性实训项目；而电工考证培训对电工考证中典型题目做了详细的讲解，为学生的电工考证学习提供了保障。

本书由郑清兰负责统稿，陈寿坤校稿，郑清兰、陈寿坤任主编，陈永健任副主编，参编人员林建华、魏有法、王君、张琨英、于雷、郑洪庆。在本书的编写过程中得到了相关单位众多人的支持与帮助，特别是电子与电气工程学院于雷和郑洪庆老师的支持和协助，在此表示衷心感谢。

由于编者水平有限，书中难免有错误和不妥之处，望读者批评指正。

编 者
2024 年 5 月

Contents 目　录

第1章 低压电器、变压器与电动机基本知识

凡是能自动或手动接通和断开电路，以及能实现对电路或非电对象进行切换、控制、保护、检测、变换和调节目的的电气元件统称为电器。低压电器是指用于交流额定电压1 200 V 及以下、直流额定电压1 500 V 及以下的电路中起通断、保护、控制或调节作用的电气产品。

1.1 熔断器

熔断器在电路中主要起短路保护作用，用于保护线路。熔断器的熔体串接于被保护的电路中，正常时，熔体允许通过一定的电流；当电路发生短路或严重过载时，熔体中流过很大的故障电流，当电流产生的热量达到熔体的熔点时，熔体熔断，切断电路，实现短路保护及过载保护。熔断器具有结构简单、体积小、重量轻、使用维护方便、价格低廉、分断能力较强等优点，因此在电路中得到广泛应用。熔断器按结构形式，可分为插入式熔断器、螺旋式熔断器、封闭式熔断器、快速熔断器和自复式熔断器等类型，其电路图形符号如图1.1 所示。

FU

图1.1 熔断器电路图形符号

（1）插入式熔断器。常用的插入式熔断器是 RC1A 系列，其结构如图1.2（a）所示。使用时电源线和负载线分别接在瓷座两端的静触头上，动触头上装熔丝，瓷座中间有一个空腔，它与瓷盖的凸起部分构成灭弧室，插入式熔断器的接触形式为面接触，由于这种熔断器只有在瓷盖拔出后才能更换熔丝，而且对于额定电流为60 A 及以上的熔断器，在灭弧室中还垫有帮助灭弧的编织石棉，所以使用起来比较安全，广泛应用于380 V 及以下的配电线路末端，作为电力、照明负荷的短路保护。

（2）螺旋式熔断器。常用的螺旋式熔断器是 RL1 系列，其结构如图1.2（b）所示。熔断管的上端有一个小红点，熔丝熔断后红点自动脱落，显示熔丝已经熔断。使用时将熔断管

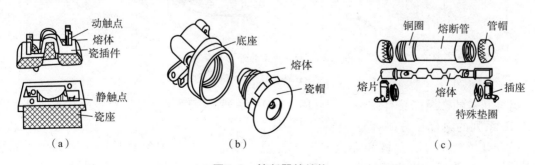

（a）　　　　　　　　　（b）　　　　　　　　　（c）

图1.2 熔断器的结构

（a）插入式熔断器；（b）螺旋式熔断器；（c）无填料密闭式熔断器

有红点的一端插入瓷帽，瓷帽上有螺纹，将瓷帽连同熔断管一起拧进瓷底座，熔丝便接通电路。螺旋式熔断器广泛应用于电压为 500 V 及以下，额定电流为 200 A 以下的机床电气控制设备及配电屏中。

（3）封闭式熔断器。封闭式熔断器分为填料熔断器和无填料熔断器两种，图 1.2（c）所示为无填料密闭式熔断器的结构。无填料密闭式熔断器将熔体装入密闭式圆筒中，分断能力稍小，用于 500 V、600 A 以下电力网或配电设备中。

1.2 组合开关

组合开关又称转换开关，常用于交流 50 Hz、380 V 以下及直流 220 V 以下的电气线路中，供手动不频繁的接通和分断电路、电源开关或控制 5 kW 以下小容量异步电动机的启动、停止和正反转。

组合开关的外形与结构如图 1.3 所示。它实际上就是由多节触点组合而成的刀开关。与普通闸刀开关的区别是转换开关用动触片代替闸刀，操作手柄在平行于安装面的平面内可左右转动。开关的三对静触点分别装在三层绝缘垫板上，并附有接线柱，用于与电源及用电设备相接。动触点是用磷铜片（或硬紫铜片）和具有良好灭弧性能的绝缘钢板铆合而成，并和绝缘垫板一起套在附有手柄的方形绝缘转轴上。手柄和转轴能在平行于安装面的平面内沿顺时针或逆时针方向每次转动 90°，带动三个动触点分别与三个静触点接触或分离，实现接通或分断电路的目的。开关的顶盖部分是由滑板、凸轮、扭簧和手柄等构成的操作机构。由于采用了扭簧储能，可使触点快速闭合或分断，从而提高开关的通断能力。

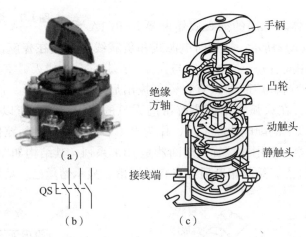

图 1.3 组合开关的外形与结构

（a）外形；（b）符号；（c）结构

组合开关的常用产品有：HZ6、HZ10、HZ15 系列。一般在电气控制线路中普遍采用的是 HZ10 系列的组合开关。

组合开关有单极、双极和多极之分。普通类型的转换开关各极是同时通断的；特殊类型的转换开关是各极交替通断，以满足不同的控制要求。其表示方法类似于万能转换开关。

1.3　万能转换开关

　　万能转换开关主要用于各种控制线路的转换，电压表、电流表的换机测量控制，配电装置线路的转换和遥控等，是用于不频繁接通与断开的电路，实现换接电源和负载，是一种多挡式、控制多回路的主令电器。它具有寿命长，使用可靠、结构简单等优点，适用于交流 50 Hz、380 V，直流 220 V 及以下的电源引入，5 kW 以下小容量电动机的直接启动，电动机的正、反转控制，启动、调速和换向控制及照明控制的电路中，但每小时的转换次数不宜超过 15～20 次。

　　转换开关由转轴、凸轮、触点座、定位机构、螺杆和手柄等组成。当将手柄转动，使凸轮的缺口旋转至对准该触点副的滑块时，该触点在弹簧的作用下闭合接通，当凸轮缺口被旋转离开该位置时，该触点便断开。换用不同的凸轮，可产生不同的组合，从而实现所需的功能，这种组合理论上有万种，故称之为万能转换开关。如图 1.4（a）所示 4 挡万能转换开关的外形。

　　图 1.4（c）所示为万能开关符号，当开关转向左边时，触点 5－6、7－8 接通，1－2、3－4 断开；当开关转向右边时，触点 3－4、5－6 接通，1－2、7－8 断开；当开关置于中间时，触点 1－2 接通，其余均断开。

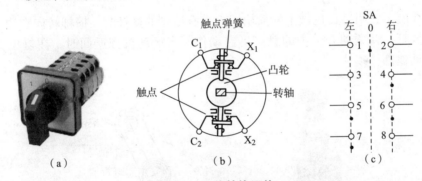

图 1.4　万能转换开关
（a）外形；（b）结构；（c）符号

1.4　行程开关

　　行程开关又称限位开关，用于控制机械设备的行程及限位保护。在实际生产中，将行程开关安装在预先安排的位置，当装于生产机械运动部件上的模块撞击行程开关时，行程开关的触点动作，实现电路的切换。因此，行程开关是一种根据运动部件的行程位置而切换电路的电器，它的作用原理与按钮类似。行程开关广泛应用于各类机床和起重机械，用以控制其行程、进行终端限位保护。在电梯的控制电路中，还利用行程开关来控制开关轿门的速度、自动开关门的限位，轿厢的上、下限位保护。

　　行程开关按其结构可分为直动式、滚轮式、微动式和组合式，以下为常用的直动式和滚轮式行程开关示意图。

1. 直动式行程开关

如图 1.5 所示，其动作原理与按钮开关相同，但其触点的分合速度取决于生产机械的运行速度，不宜用于速度低于 0.4 m/min 的场所。

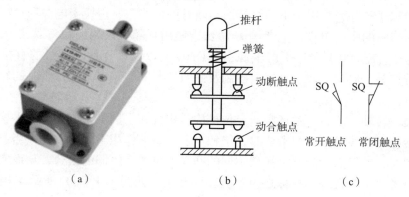

（a）	（b）	（c）

图 1.5 直动式行程开关

（a）外形；（b）结构；（c）符号

2. 滚轮式行程开关

如图 1.6 所示，当被控机械上的撞块撞击带有滚轮的撞杆时，撞杆转向右边，带动凸轮转动，顶下推杆，使微动开关中的触点迅速动作。当运动机械返回时，在复位弹簧的作用下，各部分动作部件复位。

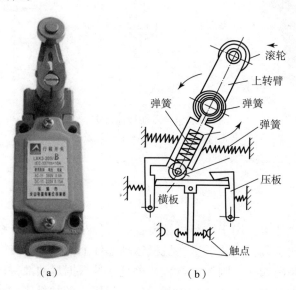

（a）	（b）

图 1.6 滚轮式行程开关

（a）外形；（b）结构

滚轮式行程开关又分为单滚轮自动复位和双滚轮（羊角式）非自动复位式，双滚轮行程开关具有两个稳态位置，有"记忆"作用，在某些情况下可以简化线路。

1.5　交流接触器

从用途角度来看，交流接触器可分为：工业用接触器，多为通用型号，常见型号主要为 CJ 系列中的 CJX2 系列、CJ20 系列、CJT1 系列；建筑及家用接触器，ABB ESB 系列、悍客 HBC1 系列、正泰 NCH8 系列、西门子 3TF 系列、施耐德 ICT 系列等。

交流接触器利用主接点来开闭电路，用辅助接点来执行控制指令。主接点一般只有常开接点，而辅助接点常有两对具有常开和常闭功能的接点，小型的接触器也经常作为中间继电器配合主电路使用。交流接触器广泛用作电力的开断和控制电路。

交流接触器是一种主触点常开的、三极的、以空气作灭弧介质的电磁式交流接触器。其组成部分包括线圈、短路环、静铁芯、动铁芯、动触头、静触头、辅助常开触头、辅助常闭触头、压力弹簧片、反作用弹簧、缓冲弹簧、灭弧罩等原件，交流接触器有 CJO、CJIO、CJ12 等系列产品，我国常用的 CJX2—1210 型交流接触器的外形结构及其主要组成部分如图 1.7 所示。

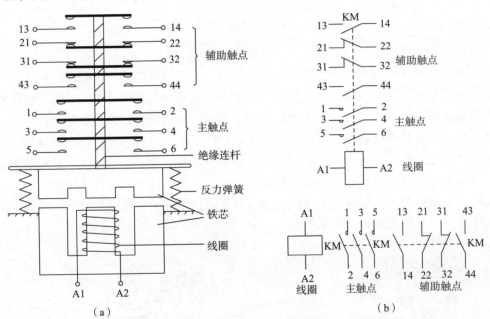

图 1.7　接触器的结构及符号
（a）接触器结构示意图；（b）接触器图形符号

交流接触器的工作原理，当线圈通电时，铁芯被磁化，吸引衔铁向下运动，使得常闭触头断开，常开触头闭合。当线圈断电时，磁力消失，在反力弹簧的作用下，衔铁回到原来位置，使触头恢复到原来状态。

1.6　时间继电器

时间继电器是一种利用电磁原理和机械原理实现电路中延时控制或通断的控制电器，从动作原理上可分为有空气阻尼型、电动型、电子型和其他型。时间继电器的电气控制系统是一个非常重要的元器件，按功能又可分为通电延时和断电延时两种类型。常见的时间继电器的外形及符号如图 1.8 所示。

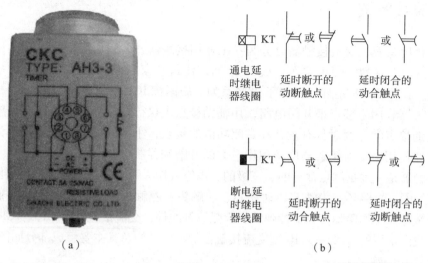

（a）

（b）

图 1.8　时间继电器的外形及符号

（a）外形；（b）符号

　　时间继电器的工作原理：当线圈通电时，衔铁及托板被铁芯吸引而瞬时下移，使瞬时动作触点接通或断开。但是活塞杆和杠杆不能同时跟着衔铁一起下落，因为活塞杆的上端连着气室中的橡皮膜，当活塞杆在释放弹簧的作用下开始向下运动时，橡皮膜随之向下凹，上面空气室的空气变得稀薄使活塞杆受到阻尼作用而缓慢下降。经过一定时间，活塞杆下降到一定位置，便通过杠杆推动延时触点动作，使动断触点断开，动合触点闭合。从线圈通电到延时触点完成动作，这段时间就是继电器的延时时间。延时时间的长短可以用螺钉调节空气室进气孔的大小来改变。吸引线圈断电后，继电器依靠恢复弹簧的作用而复原，空气经出气孔被迅速排出，其结构原理如图 1.9 所示。

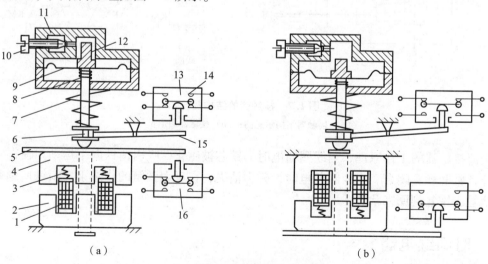

（a）

（b）

图 1.9　空气阻尼式时间继电器

（a）通电延时；（b）断电延时

1—线圈；2—静铁芯；3，7，8—弹簧；4—衔铁；5—推板；6—顶杆；9—橡皮膜；
10—螺钉；11—进气孔；12—活塞；13，16—微动开关；14—延时触点；15—杠杆

通电延时的时间继电器触点动作过程：当线圈通电时开始计时，达到设定时间时触点状态切换（即常开变常闭，常闭变常开），断电后触点状态立即恢复。

断电延时的时间继电器动作过程：当线圈通电后触点状态立即切换（即常开变常闭，常闭变常开），直到线圈断电后开始计时，达到设定时间时触点状态才恢复。

1.7 速度继电器

速度继电器主要用于三相异步电动机反接制动的控制电路中，它的任务是当三相电源的相序改变以后，产生与实际转子转动方向相反的旋转磁场，从而产生制动力矩。因此，使电动机在制动状态下迅速降低速度。在电动机转速接近零时立即发出信号，切断电源使之停车（否则电动机开始反方向启动），其外形如图 1.10（a）所示。

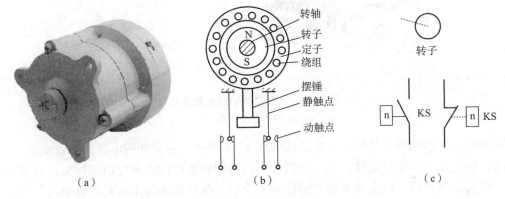

图 1.10 速度继电器

(a) 外形；(b) 结构；(c) 符号

图 1.10（b）所示为速度继电器的结构示意图。速度继电器的转轴与电动机转轴连在一起。在速度继电器的转轴上固定着一个圆柱形的永久磁铁，磁铁的外面套有一个可以按正、反方向偏转一定角度的外环，在外环的圆周上嵌有鼠笼绕组。当电动机转动时外环的鼠笼绕组切割永久磁铁的磁力线而产生感应电流，并产生转矩，使外环随着电动机的旋转方向转过一个角度。这时固定在外环支架上的顶块顶着动触头，使其一组触头动作。若电动机反转，则顶块拨动另一组触头动作。一般速度继电器的转轴转速达到 120 r/min 左右触点即能动作，当电动机的转速下降到 100 r/min 左右，由于鼠笼绕组的电磁力不足，顶块返回，触头复位。因继电器的触头动作与否与电动机的转速有关，所以叫速度继电器，又因速度继电器用于电动机的反接制动，故也称其为反接制动继电器。图 1.10（c）所示为速度继电器的符号。

1.8 热继电器

热继电器是用于电动机或其他电气设备、电气线路的过载保护的保护电器。电动机在实际运行中，如拖动生产机械进行工作过程中，若机械出现不正常的情况或电路异常使电动机遇到过载，则电动机转速下降、绕组中的电流将增大，使电动机的绕组温度升高。若过载电流不大且过载的时间较短，电动机绕组不超过允许温升，这种过载是允许的。但若过载时间长，过载电流大，电动机绕组的温升就会超过允许值，使电动机绕组老化，缩短电动机的使用寿命，严重时甚至会使电动机绕组烧毁。所以，这种过载是电动机不能承受的。热继电器就是利用电流的热效应原理，在出现电动机不能承受的过载时切断电动机电路，为电动机提供过载保护的保护电器。热继电器的外形及符号如图 1.11 所示。

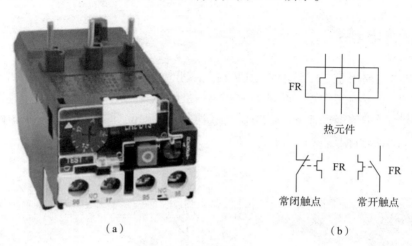

图 1.11　热继电器的外形及符号

（a）外形；（b）符号

热继电器工作原理：热继电器的结构如图 1.12 所示，它是利用电流的热效应来工作的，双金属片是它的主要测量元件。它是由两种不同线膨胀系数的金属片用机械辗压的方式使之形成一体的金属材料，线膨胀系数大的称为主动层，线膨胀系数小的称为被动层。当温度高时，由于两者的线膨胀系数不同，所以伸长度也不同，必然会向被动层一侧弯曲。若被保护电路出现过载则双金属片上温度急速上升，其弯曲程度也会迅速变化，使与金属片连接的导板推动温度补偿片促使连杆机构动作带动常闭触头断开，使继电器接触电路的控制部分失电，断掉设备电源，起到对设备的保护作用。使用热继电器时，双金属片的加热装置应与被保护设备串联。调节复位螺钉可使热继电器自动或手动复位，调节电流调整凸轮可整定热继电器保护电流的大小。

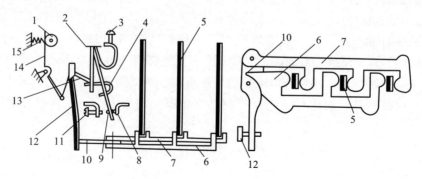

图 1.12　热继电器的结构

1—电流调节凸轮；2—片簧；3—手动复位按钮；4—弓簧；5—主双金属片；

6—外导板；7—内导板；8—常闭触头；9—动触头；10—杠杆；

11—复位调节螺钉；12—补偿双金属片；13—推杆；14—连杆；15—压簧

1.9   变压器

变压器是利用电磁感应的原理来改变交流电压的装置，主要功能有：电压变换、电流变换、阻抗变换、隔离、稳压（磁饱和变压器）等。按用途可以分为：配电变压器、全密封变压器、组合式变压器、干式变压器、油浸式变压器、单相变压器、电炉变压器、整流变压器等。

变压器的主要构件是初级线圈、次级线圈和铁芯（磁芯），它们构成了变压器的器身。除此之外，还有油箱和其他附件。实验室常用的小型变压器如图 1.13 所示。

变压器工作原理：变压器是利用电磁感应原理工作的，图 1.14 所示为其结构示意图。变压器的主要部件是铁芯和绕组。两个互相绝缘且匝数不同的绕组分别套装在铁芯上，两绕组间只有磁的耦合而没有电的联系，其中与电源 u_1 相连的绕组称为一次绕组（或原边线圈），用于接负载的绕组称为二次绕组（或副边线圈）。

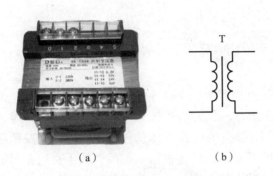

图 1.13   变压器的外形及符号

（a）外形；（b）符号

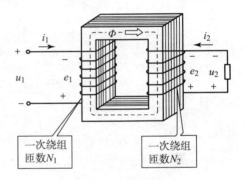

图 1.14   变压器的结构

当变压器的一次绕组加上交流电压 u_1 后，便在绕组中产生交变电流 i_1，这个电流在铁芯中产生与同频率的交变磁通 Φ，根据电磁感应原理，将分别在 u_1 两个绕组中感应出电动势 e_1 和 e_2。

$$e_1 = -N_1 \frac{\mathrm{d}\Phi}{\mathrm{d}t}$$

$$e_2 = -N_2 \frac{\mathrm{d}\Phi}{\mathrm{d}t}$$

式中，"－"号表示感应电动势总是阻碍磁通的变化。若把负载接在二次绕组上，则在电动势 e_2 的作用下，有电流 i 流过负载，实现了电能的传递。由上式可知，一、二次绕组感应电动势的大小与绕组匝数成正比，故只要改变一、二次绕组的匝数，就可达到改变电压的目的。

1.10   按钮开关

按钮开关是一种结构简单，应用十分广泛的主令电器。按钮开关是利用按钮推动传动机构，使动触点与静触点接通或断开并实现电路换接的开关。在电气自动控制电路中，用于手动发出控制信号以控制接触器、继电器、电磁启动器等。

按钮开关的结构种类很多，可分为蘑菇头式、自锁式、自复位式、旋柄式、带指示灯式、带灯符号式及钥匙式等，有单钮、双钮、三钮及不同组合形式。通常每一个按钮开关有两对触点——常闭触点和常开触点，有的产品可通过多个元件的串联增加触头对数。还有一种自持式按钮，按下后即可自动保持闭合位置，断电后才能打开。一般在电工实训中常用的是三钮形式的按钮，其外形及符号如图 1.15 所示。

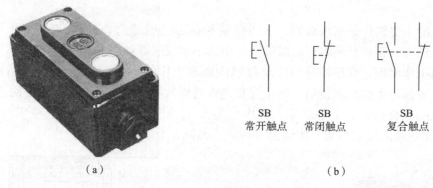

（a） （b）

图 1.15　按钮开关的外形及符号

（a）外形；（b）符号

按钮一般由按钮帽、复位弹簧、桥式动触头、静触头、支柱连杆及外壳等部分组成，如图 1.16 所示。按钮不受外力作用时触头的分合状态，分为启动按钮（即常开按钮），停止按钮（即常闭按钮）和复合按钮（即常开、常闭触头组合为一体的按钮）。对启动按钮而言，按下按钮帽时触头闭合，松开后触头自动断开复位；停止按钮则相反，按下按钮帽时触头分开，松开后触头自动闭合复位。复合按钮是按下按钮帽时，桥式动触头向下运动，使常闭触头先断开后，常开触头才闭合；当松开按钮帽时，则常开触头先分断复位后，常闭触头再闭合复位。

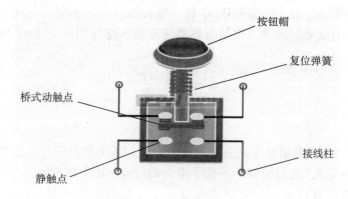

图 1.16　按钮开关的结构图

第 2 章 三相笼型异步电动机及其控制电路

电动机是把电能转换成机械能的设备。三相笼型异步电动机是由三相交流电源供电，把交流电能转换为机械能输出的设备。三相笼型异步电动机具有结构简单、维修方便、运行可靠等特点，广泛应用于机械、化学、交通及其他各种工业中。

2.1 三相笼型异步电动机的结构

三相笼型异步电动机由定子、转子及其他附件组成。图 2.1 所示为一台三相鼠笼式异步电动机的拆分图。

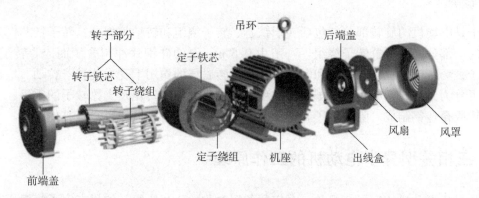

图 2.1 三相鼠笼式异步电动机的拆分图

1. 定子

电动机的静止部分称为定子，其组成部分主要包括定子铁芯、定子绕组、机座等部分。定子铁芯的作用是作为电机磁路的一部分，并在其上放置定子绕组。定子铁芯一般由 0.35 ~ 0.5 mm 厚，表面涂有绝缘漆的环状冲片槽的硅钢片叠压而成，定子绕组是电动机的电路部分，通入三相交流电产生旋转磁场。三相定子绕组是用绝缘铜线或铝线绕制成三相对称的绕组，以前用 A、B、C 表示三相绕组首端，X、Y、Z 表示其相应的末端，这六个接线端引出至接线盒。按现国家标准，现在始端标以 U1、V1、W1 表示，末端标以 U2、V2、W2 表示。三相定子绕组可以接成如图 2.2 所示的星形或三角形，但必须视电源电压和绕组额定电压的情况而定。一般电源电压为 380 V（指线电压），如果电动机各相绕组的额定电压为 380 V，则应将定子绕组接成三角形，如图 2.2（a）所示。如果电动机定子各相绕组的额定电压是 220 V，则定子绕组必须接成星形，如图 2.2（b）所示。

机座的作用是固定定子铁芯和定子绕组，并以两个端盖支撑转子，同时保护整台电动机的电磁部分和散发电动机运行中产生的热量，一般是由铁或铝铸造而成。

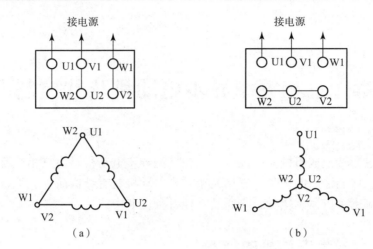

图 2.2 三相绕组的接法

（a）三角形连接；（b）星形连接

2. 转子

转子是电动机的旋转部分，包括转子铁芯、转子绕组和转轴等部分。转子铁芯作为电动机磁路的一部分，并放置转子绕组。一般由 0.5 mm 厚的硅钢片冲制叠压而成。转子绕组，切割定子磁场，产生感应电动势和电流，并在旋转磁场的作用下受力使转子转动。根据构造的不同可分为鼠笼式和绕线式转子两种类型。转轴用以传递转矩及支撑转子的重量，一般都由中碳钢或合金钢制成。除了定子和转子两大部分外，还有端盖、风扇等其他附件。

2.2 三相笼型异步电动机的工作原理

三相异步电动机的定子绕组是一个空间位置对称的三相绕组，如果在定子绕组通入三相对称的交流电流，就会在电动机内部建立起一个恒速旋转的磁场，称为旋转磁场，旋转磁场的旋转方向由通入定子绕组的三相交流电源的相序决定，它是异步电动机工作的基本条件。

1. 旋转磁场的产生

三相异步电动机每相定子绕组只有一个线圈，三个相同的线圈（即 U1U2、V1V2、W1W2）在空间的位置彼此互差120°，分别放在定子铁芯槽中。当把三相线圈接成星形，并接通三相对称电源后，那么在定子绕组中便产生三个对称电流 i_U，i_V，i_W，其波形如图 2.3

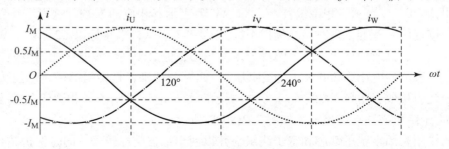

图 2.3 三相对称电流波形

所示。由于交流电流的方向经常变化，为了确定某一瞬时电流在绕组中的流向，以便看出产生的磁场方向。假如电流由线圈的始端流入、末端流出为正，反之则为负。电流流入端用"⊗"表示，流出端用"⊙"表示。下面就分别取几个瞬时来分析三相交变电流流经三相绕组所产生的合成磁场。

当 $\omega t_1 = 0$ 时，由三相电流的波形可见，电流瞬时值 $i_U = 0$，i_V 为负值，i_W 为正值。这表示 U 相无电流，V 电流是从线圈的末端 V2 流向首端 V1，W 相电流是从线圈的始端 W1 流向末端 W2，按右手螺旋定则可得到各个导体中电流所产生的合成磁场如图 2.4（a）所示，是一个具有两个磁极的磁场，上为 N 极，下为 S 极。

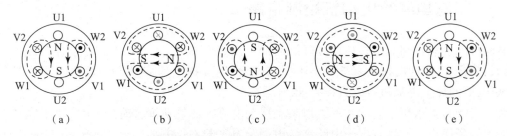

图 2.4　不同瞬时一对磁极的旋转磁场

（a）0°；（b）90°；（c）180°；（d）270°；（e）360°

当 $\omega t_2 = 90°$ 时，由三相电流的波形可见，电流瞬时值 i_U 为正值，i_V 为负值，i_W 为负值。U 相电流是从线圈的首端 U1 流向末端 U2，V 相电流是从线圈的末端 V2 流向首端 V1，W 相电流是从线圈的末端 W2 流向始端 W1。因此这时的合成磁场方向沿顺时针方向在空间旋转了 90°，如图 2.4（b）所示。同理可做出 $\omega t_3 = 180°$、$\omega t_4 = 270°$、$\omega t_5 = 360°$ 时的合成磁场，如图 2.4（c）、（d）、（e）所示。由图 2.4 可以看出，当正弦电流变化一周时，磁场在空间也正好旋转一圈。当三相电流不断地随时间变化时，所产生的合成磁场在空间也不断地旋转，这就形成了旋转磁场。

2. 转动原理

如果在定子绕组中通入三相对称电流，则定子内部产生某个方向转速为 n_1 的旋转磁场。假设旋转磁场以顺时针方向旋转，则静止的转子导体与旋转磁场之间存在着相对运动，切割磁力线而产生感应电动势。电动势的方向可根据右手定则确定。由于转子绕组是闭合的，于是在感应电动势的作用下，转子绕组内有电流 I_2 流过，其方向与感应电动势方向一致，如图 2.5 所示。具有感应电流 I_2 的转子导体又处在旋转磁场中，将受到电磁力的作用。根据左手定则，上半部分导体受到向右的电磁力，下半部分导体受到向左的电磁力 F，该力对转轴形成了电磁转矩 T_{em}，使转子按旋转磁场方向转动。这就是异步电动机的转动原理。

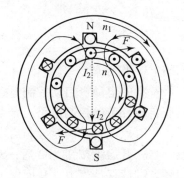

图 2.5　异步电动机的转动原理

转子的转速 n 是否会与旋转磁场的转速 n_1 相同呢？回答是不可能的。因为一旦转子的转速和旋转磁场的转速相同，二者便无相对运动，转子也不能产生感应电动势和感应电流，也就没有电磁转矩了。只有二者转速有差异时，才能产生电磁转矩，驱使转子转动。可见，

转子转速 n 总是略小于旋转磁场的转速 n_1。正是由于这个关系，这个电动机被称为异步电动机。

常把旋转磁场转速 n_1 与转子转速 n 二者相差的程度用转差率 s 表示，即

$$s = \frac{n_1 - n}{n_1} \times 100\%$$

转差率 s 是异步电动机运行时的一个重要物理量，当旋转磁场转速 n_1 一定时，转差率的数值与电动机的转速 n 相对应，正常运行的异步电动机，其 s 很小，一般 $s = 0.01 \sim 0.05$。

2.3 三相笼型异步电动机控制电路

电动机的控制电路有直接启动和降压启动。所谓直接启动，就是利用刀开关或接触器将电动机定子绕组直接接到额定电压的电流上，故又称全压启动。一般情况下，功率在 7.5 kW 以下的异步电动机可以直接启动。

降压启动是指采用不同的方法，以限制启动电流，待电动机启动完毕后，再恢复全压工作。常用的降压启动方法有定子电路串接电阻启动、星/三角降压启动、自耦变压器降压启动等。下面就以图 2.6 所示电路分析电动机的启动控制过程。

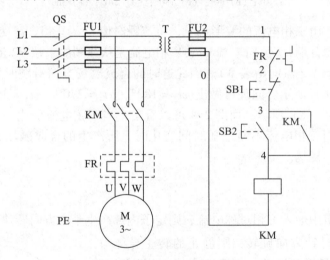

图 2.6　电动机启动控制电路

（1）工作原理

最基本的电动机启动控制电路如图 2.6 所示。它是为了实现电动机的连续运行，采用一种具有自锁环节的控制电路。合上电源开关 QS，按启动按钮 SB2，交流接触器 KM 的线圈得电，主触点闭合。同时，与启动按钮 SB2 并联的辅助常开触点 KM 闭合，电动机 M 通电运行。当松开启动按钮 SB2 后，SB2 常开动合触头复位断开，交流接触器 KM 的线圈通过其自锁触点继续保持得电，从而保证电动机的持续运行。

当电动机要停止时，按下停止开关 SB1，此时交流接触器的线圈失电，其主触点断开，辅助的常开触点也复位断开，电动机断电停止运行。

（2）电路的保护环节

欠压和失压保护：当电源电压突然严重下降（欠压）或消失（失压）时，会使接触器

KM 的线圈电磁吸力不足，而衔铁则在反作用弹簧的作用下释放，其自锁触头断开，失去自锁；同时，主触头也断开，使电动机停转，从而得到保护。而且由于接触器的自锁触头和主触头在停电时均已断开，所以在恢复供电时，控制电路和主电路不会自行接通，因而电动机不会自行启动，这样就预防了事故的发生。

短路保护：电动机的短路保护采用熔断器。图 2.6 中熔断器 FU1、FU2 分别实现主电路和控制电路的短路保护。

过载保护：电动机在运行过程中，如果由于过载或其他原因使电流超过额定值，经过一定时间，串接在主电路中的热继电器 FR 的热元件则会使串在控制电路中的 FR 常闭触头断开，切断控制电路，使接触器的线圈失电，其主触点断开，电动机便停止运行，从而达到过载保护目的。

2.4　电工实训项目

1. 三相笼型异步电动机正反转控制电路

◆ **实训目的**

（1）认识并掌握常用低压电器的使用及好坏的判断。

（2）掌握三相电动机正、反转控制电路的原理及接线方法。

（3）学会检测电路并了解排除故障的方法。

◆ **原理说明**

如图 2.7 所示，电动机正、反转控制电路中主回路采用两个接触器，即正转接触器 KM1 和反转接触器 KM2。当接触器 KM1 的三对主触头接通时，三相电源的相序按 U—V—W 接入电动机。当接触器 KM1 的三对主触头断开，接触器 KM2 的三对主触头接通时，三相电源的相序按 U—W—V 接入电动机，电动机就向相反方向转动。电路要求接触器 KM1 和接触器 KM2 不能同时接通电源，否则它们的主触头将同时闭合，造成 V、W 两相电源短路。

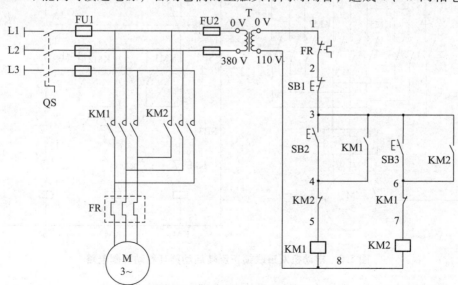

图 2.7　电动机正反转控制电路

为此在 KM1 和 KM2 线圈各自支路中相互串联对方的一对辅助常闭触头，以保证接触器 KM1 和 KM2 不会同时接通电源，KM1 和 KM2 的这两对辅助常闭触头在线路中所起的作用称为联锁或互锁作用。

（1）正转：按下启动按钮 SB2，接触器 KM1 线圈通电，与 SB2 并联的 KM1 的辅助常开触点闭合，以保证 KM1 线圈持续通电，与 KM2 线圈串联的 KM1 的辅助常闭触点断开，起互锁作用，串联在电动机主回路中的 KM1 的主触点持续闭合，电动机连续正向运转。

（2）停止：按下停止按钮 SB1，接触器 KM1 线圈断电，与 SB2 并联的 KM1 的辅助触点断开，以保证 KM1 线圈持续失电，串联在电动机回路中的 KM1 的主触点持续断开，切断电动机定子电源，电动机停转。

（3）反转：按下反转按钮 SB3，接触器 KM2 线圈通电，与 SB3 并联的 KM2 的辅助常开触点闭合，以保证 KM2 线圈持续通电，与 KM1 线圈串联的 KM2 的辅助常闭触点断开，起互锁作用，串联在电动机回路中的 KM2 的主触点持续闭合，电动机连续反向运转。

◆ 实训内容

（1）认识图中各种电器的结构图形符号，并逐一检测各器件的好坏。

（2）根据原理图完成电路主电路和控制电路实际接线图的安装。

（3）用万用表检测已安装好的电路，发现故障逐一排除并进行通电调试。

2. 三相异步电动机双重联锁正反转启动能耗制动控制电路的安装与调试

◆ 实训目的

（1）掌握电动机双重联锁正反转启动能耗制动控制电路（图 2.8）的工作原理。

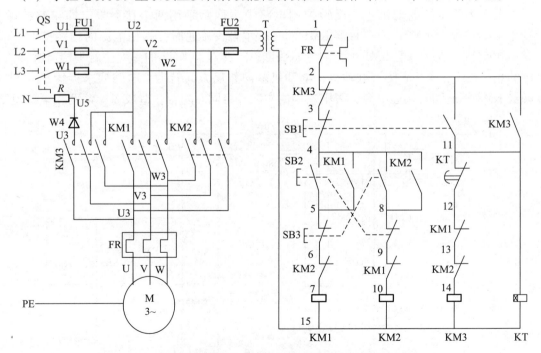

图 2.8　电动机双重联锁正反转启动能耗制动控制电路

（2）通过安装接线，掌握由电气原理图接成实际操作电路的方法。

（3）了解时间继电器的结构及符号，掌握其使用方法。

◆ **原理说明**

（1）制动：就是给电动机一个与转动方向相反的转矩使它迅速停转（或限制其转速）。制动的方法一般有两类即机械制动和电气制动。机械制动常用的方法是电磁抱闸和电磁离合器制动。电气制动即电动机产生一个和转子转速方向相反的电磁转矩，使电动机的转速迅速下降。三相交流异步电动机常用的电气制动方法有能耗制动、反接制动和回馈制动。

（2）能耗制动的方法：先断开电源开关，切断电动机的交流电源，这时转子仍沿原方向惯性运转，随后向电动机两相定子绕组通入直流电，使定子中产生一个恒定的静止磁场，这样做惯性运转的转子因切割磁力线而在转子绕组中产生感应电流，又因受到静止磁场的作用，产生电磁转矩，正好与电动机的转向相反，使电动机受制动迅速停转。由于这种制动方法是在定子绕组中通入直流电以消耗转子惯性运转的动能来进行制动的，所以称为能耗制动。能耗制动的优点是制动准确、平稳，且能量消耗较小，缺点是需附加直流电源装置，设备费用较高，制动力较弱，在低速时制动力矩小。所以，能耗制动一般用于要求制动准确、平稳的场合。

（3）正转：按下启动按钮 SB2，接触器 KM1 线圈通电，与 SB2 并联的 KM1 的辅助常开触点闭合，以保证 KM1 线圈持续通电，与 KM2 串联的 SB2 常闭触点断开，起联锁作用，与 KM2 线圈串联的 KM1 的辅助常闭触点断开，起互锁作用，串联在电动机主回路中的 KM1 的主触点持续闭合，电动机连续正向运转。

（4）反转：按下启动按钮 SB3，与 KM1 串联的 SB3 常闭触点断开，切断 KM1 线圈的电源。接触器 KM2 线圈通电，与 SB3 并联的 KM2 的辅助常开触点闭合，以保证 KM2 线圈持续通电，与 KM1 线圈串联的 KM2 的辅助常闭触点断开，起互锁作用，串联在电动机回路中的 KM2 的主触点持续闭合，电动机连续反向运转。

（5）制动：当需要制动时，按下复合按钮 SB1，SB1 常闭触头断开，因而 KM1，KM2 线圈失电，SB1 的常开触头闭合，接触器 KM3 和时间继电器 KT 的线圈得电，与 SB1 常开触头并联的 KM3 常开触点闭合，以保证 KM3 线圈和 KT 线圈持续通电。主电路中 KM3 的主触点闭合，电动机接直流电源进入制动状态。当 KT 延时时间到时，KT 的常闭触点断开，使能耗制动接触器 KM3 及时间继电器 KT 的线圈断电，切断直流电源，能耗制动随之结束。

◆ **实训内容**

（1）按要求完成电动机双重联锁正反转电路的接线图。

（2）用万用表检测已完成的电路并排除电路的故障。

（3）将已检测好的电路进行通电调试，直至成功为止。

3. 通电延时带直流能耗制动的星–三角控制电路

◆ **实训目的**

（1）通过对星–三角控制电路的安装接线，进一步掌握由电气原理图接成实际操作电路的方法，并熟练掌握"节点法"的接线方法。

（2）掌握电路检测的方法和步骤，并能熟练地找出电路中的故障。

（3）学会电路的通电步骤，并能熟练地完成电路的通电过程。

◆ **原理说明**

（1）凡是笼型异步电动机在正常运行时定子绕组采用三角形连接，为减小启动电流，在启动时可以采用星–三角降压启动方法。如图 2.9 所示的星–三角启动控制电路采用了通电延时型时间继电器，这也是常用的时间原则控制电路。当主电路中的主触点 KM1 和 KM3

同时闭合，而 KM2 断开时，电动机的定子绕组为星形连接；当主电路中的主触点 KM1 和 KM2 同时闭合，而 KM3 断开时，电动机的定子绕组为三角形连接。当主触点 KM3 和 KM4 闭合时，进入制动状态。

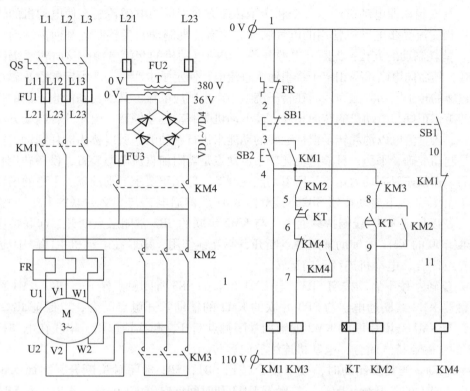

图 2.9　通电延时带直流能耗制动的星 – 三角控制电路

（2）电路的工作原理：按下启动按钮 SB2，交流接触器 KM1 和 KM3 线圈得电，与 SB2 并联的 KM1 辅助常开触点闭合，使 KM1 线圈持续通电，主电路中，KM1 主触点闭合接通三相电源，KM3 主触点闭合，电动机定子绕组星形连接运行。与此同时，时间继电器 KT 得电，经过一定时间的延时后，KT 的常闭触点断开切断 KM3 线圈，KT 的常开触点闭合使 KM2 线圈得电，实现电动机定子绕组为三角形连接的正常运行状态。当需要制动时，按下复合按钮 SB1，SB1 常闭触头断开，切断 KM1 和 KM2 线圈，SB1 的常开触头闭合，使 KM4 和 KM3 线圈得电，主电路中 KM4 主触点闭合串入低压直流电实现制动过程。

◆ **实训内容**

（1）分析电路的工作原理，掌握电路的具体控制过程。

（2）按要求完成电动机星 – 三角启动控制电路的接线图并检查接线图。

（3）利用万用表进行电路故障检测，并对查出的故障及时解决，无故障后，再对电路进行通电调试。

4. 电动机顺序启动控制电路

◆ **实训目的**

（1）了解并掌握电动机顺序控制电路的工作原理。

（2）熟练掌握由电气原理图变成实际安装接线图的方法。

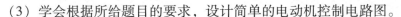

（3）学会根据所给题目的要求，设计简单的电动机控制电路图。

◆ **原理说明**

顺序控制是指让多台电动机按事先约定的步骤依次工作，在实际生产中有着广泛的应用。如图 2.10 所示电路是进行顺序启动和逆序停止的控制线路。

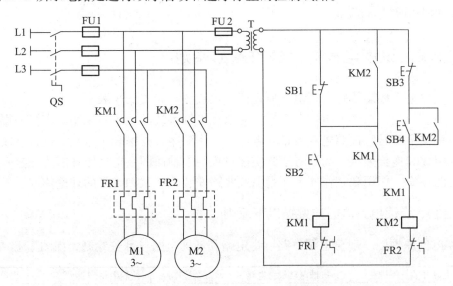

图 2.10　两台电动机顺序启动控制电路

在图 2.10 中由于 KM1 常开触点和 KM2 线圈相串接，所以启动时必须先按下启动按钮 SB2，使 KM1 线圈通电，M1 先启动运行后，再按下启动按钮 SB4，M2 方可启动运行，M1 不启动 M2 就不能启动，也就是说按下 M1 的启动按钮 SB2 之前，先按 M2 的启动按钮 SB4 将无效。同时由于 KM2 的常开触点与停止按钮 SB1 并接，所以停车时必须先按下 SB3，使 KM2 线圈断电，将 M2 停下来以后，再按下 SB1，才能使 KM1 线圈失电，继而使 M1 停车，M2 不停止 M1 就不能停止，也就是说按下 M2 的停止按钮 SB3 之前，先按 M1 的停止按钮 SB1 将无效。

◆ **实训内容**

（1）独立完成电动机顺序控制电路的安装接线图并能熟练地运用"节点法"接线。

（2）根据已接好的线路，独立分析电路的工作原理。

（3）检测已接完的电路，排除电路的故障并进行通电调试。

5. 电动机异地控制电路的设计与安装

◆ **实训目的**

（1）通过控制要求，了解电路设计过程并画出电路原理图。

（2）根据所设计的电路原理图，完成安装接线并通电调试。

◆ **控制要求**

某机床需要用两台电动机拖动，根据机床特点，要求两地控制，M1 先启动，M2 经 3 min 后启动。停车时，逆序停止，两台电动机都应具有短路保护、失压保护和欠压保护，设计一个符合要求的电路图并进行安装调试。

◆ **实训内容**

（1）根据控制要求，分析控制过程并画出草图。认真分析所画的草图慢慢进行修改，直至所画的原理图符合要求为止。

（2）按照所设计的原理图，利用"节点法"的接线方法完成电路的安装与调试。

（3）参考电路见附录Ⅲ。

2.5　绘制、识读电气控制线路图的原则

生产机械电气控制线路常用电气原理图、接线图和布置图来表示。

电气原理图是根据生产机械运动形式对电气控制系统的要求，采用国家统一规定的电气图形符号和文字符号，按照电气设备和电器的工作顺序，详细表示电路、设备或成套装置的全部基本组成和连接关系，而不考虑其实际位置的一种简图。电气原理图能充分表达电气设备和电器的用途、作用和工作原理，是电气线路安装、调试和维修的理论依据。

1. 绘制、识读电路图时应遵循以下原则

（1）电气原理图一般分电源电路、主电路和辅助电路三部分绘制，如图2.11所示。

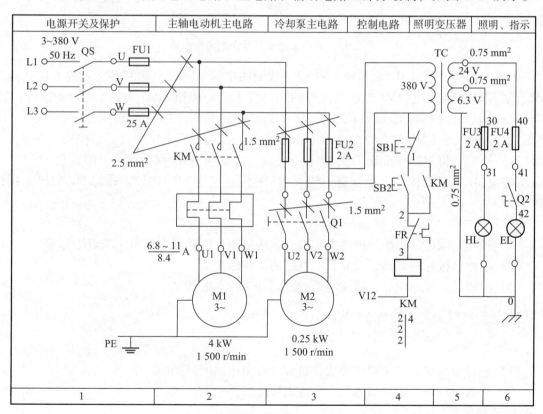

图2.11　CW6132型卧式车床的电气原理图

①电源电路画成水平线，三相交流电源相序L1、L2、L3自上而下依次画出，中线N和保护地线PE依次画在相线之下。直流电源的"＋"端画在上边，"－"端画在下边。电源开关要水平画出。

②主电路是指受电的动力装置及控制、保护电器的支路等，它是由主熔断器、接触器的主触头、热继电器的热元件以及电动机等组成的。主电路通过的电流是电动机的工作电流，电流较大，主电路图要画在电路图的左侧并垂直于电源电路。

③辅助电路一般包括控制主电路工作状态的控制电路、显示主电路工作状态的指示电路、提供机床设备局部照明的照明电路等。它是由主令电器的触头、接触器线圈及辅助触头、继电器线圈及触头、指示灯和照明灯等组成的。辅助电路通过的电流都较小，一般不超过 5 A。画辅助电路图时，辅助电路要跨接在两相电源线之间，一般按照控制电路、指示电路和照明电路的顺序依次垂直画在主电路图的右侧，且电路中与下边电源线相连的耗能元件要画在电路图的下方，而电器的触头要画在耗能元件与上边电源线之间。为读图方便，一般应按照自左至右、自上而下的排列来表示操作顺序。

（2）电气原理图中，各电器的触头位置都按电路未通电或电器未受外力作用时的常态位置画出。分析原理时，应从触头的常态位置出发。不画各电气元件实际的外形图，而采用国家统一规定的电气图形符号画出。

（3）电气原理图中，同一电器的各元件不按它们的实际位置画在一起，而是按其在线路中所起的作用分画在不同电路中，但它们的动作却是相互关联的，因此，必须标注相同的文字符号。若图中相同的电器较多时，需要在电器文字符号后面加注不同的数字，以示区别，如 KM1、KM2 等。

（4）画电气原理图时，应尽可能减少线条和避免线条交叉。对有直接电联系的交叉导线连接点，要用小黑圆点表示，无直接电联系的交叉导线则不画小黑圆点。

（5）电气原理图采用电路编号法，即对电路中的各个接点用字母或数字编号。

①主电路在电源开关的出线端按相序依次编号为 U11、V11、W11。然后按从上至下、从左至右的顺序，每经过一个电气元件后，编号要递增，如 U12、V12、W12；U13、V13、W13……单台三相交流电动机（或设备）的三根引出线按相序依次编号为 U、V、W。对于多台电动机引出线的编号，为了不致引起误解和混淆，可在字母前用不同的数字加以区别，如 1U、1V、1W；2U、2V、2W……

②辅助电路编号按"等电位"原则从上至下、从左至右用阿拉伯数字依次编号，每经过一个电气元件后，编号要依次递增。控制电路编号的起始数字必须是 1，其他辅助电路编号的起始数字依次递增 100，如照明电路编号从 101 开始，指示电路编号从 201 开始等。

（6）电气原理图图面区域的划分：

①电气原理图下方的 1、2、3…数字是图区编号，是为了便于检索电气线路、方便阅读分析而设置的，图区编号也可设置在图的上方。图幅大时可在图纸左方加入 a、b、c…字母图区编号。图区编号上方的文字表明对应区域下方元器件或电路的功能，使读者能清楚地知道某个元器件或某部分电路的功能，以利于理解整个电路的工作原理。

②符号位置的索引，电气原理图中接触器和继电器线圈的从属关系使用图 2.12 编号表示，即在原理图中相应线圈下方，给出触点的图形符号，并在下面标明相应触点的索引代码，且对未使用的触点用"×"表明，有时也可采用省略的表示方法。线圈触点含义如表 2.1 所示。

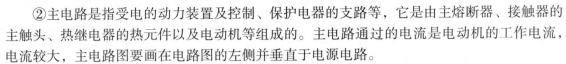

图 2.12　触点的从属关系图

表 2.1　线圈触点含义

左栏	中栏	右栏
主触点所在图区号	辅助常开触点所在图区号	辅助常闭触点所在图区号

2. 接线图

接线图是根据电气设备和电气元件的实际位置和安装情况绘制的，只用来表示电气设备和电气元件的位置、配线方式和接线方式，而不明显表示电气动作原理，如图 2.13 所示。接线图主要用于安装接线、线路的检查维修和故障处理。

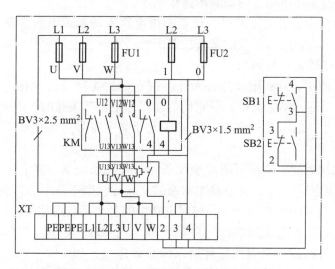

图 2.13　CW6132 型卧式车床安装接线图

绘制、识读接线图应遵循以下原则：

（1）接线图中一般示出如下内容：电气设备和电气元件的相对位置、文字符号、端子号、导线号、导线类型、导线截面积、屏蔽和导线绞合等。

（2）所有的电气设备和电气元件都按其所在的实际位置绘制在图纸上，且同一元件根据其实际结构，使用与电路图相同的图形符号画在一起，并用点画线框上，接线端子的编号应与电路图中的标注一致，以便对照检查接线。

（3）接线图中的导线有单根导线、导线组（或线扎）、电缆等之分，可用连续线和中断线来表示。凡导线走向相同的可以合并，用线束来表示，到达接线端子板或电气元件的连接点时再分别画出。在用线束来表示导线组、电缆等时可用加粗的线条表示，在不引起误解的情况下也可采用部分加粗。另外，导线及管子的型号、根数和规格应标注清楚。

3. 布置图

布置图是根据电气元件在控制板上的实际安装位置，采用简化的外形符号（如正方形、矩形、圆形等）而绘制的一种简图。它不表达各电器的具体结构、作用、接线情况及工作原理，主要用于电气元件的布置和安装。图中各电器的文字符号必须与电路图和接线图的标注相一致。图 2.14 所示为 CW6132 型卧式车床电器布置图。

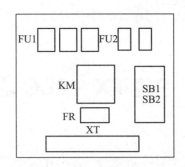

图 2.14　CW6132 型卧式车床电器布置图

绘制、识读电气元件布置图应遵循以下原则：

（1）在电气元件布置图中，机床的轮廓线用细实线或点画线表示，电气元件均用粗实线绘制出简单的外形轮廓。

（2）在电气元件布置图中，电动机要和被拖动的机械装置画在一起；行程开关应画在获取信息的地方；操作手柄应画在便于操作的地方。

（3）在电气元件布置图中，各电气元件之间，上、下、左、右应保持一定的间距，并且应考虑器件的发热和散热因素，应便于布线、接线和检修。

在实际中，电气原理图、电器安装接线图和电气元件布置图要结合起来使用。

第 3 章　三菱 FX – PLC 培训指导

FX1N–40MR 是三菱 PLC 中 FX1N 系列的一种卡片大小的 PLC，适合在小型环境中进行控制。它具有卓越的性能、串行通信功能以及紧凑的尺寸，这使得它们能用在以前常规 PLC 无法安装的地方，如图 3.1 所示。

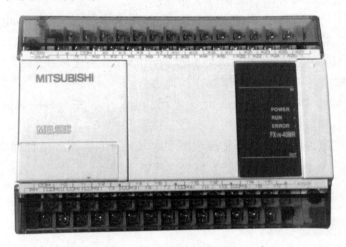

图 3.1　三菱 PLC 外形图

3.1　FX 系列 PLC 的编程器件

1. 输入继电器（X0～X7，X10～X17，X20～X27…）

PLC 的输入端子是从外部开关接收信号的窗口，输入继电器与输入端子相连，它是专门用来接收 PLC 外部开关信号的元件。PLC 通过输入接口将外部输入信号状态读入并存储在输入映像寄存器中。图 3.2 所示为 PLC 输入继电器 X1 的等效电路。

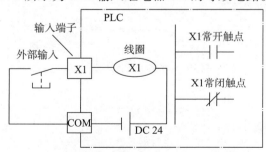

图 3.2　PLC 输入继电器的等效电路

输入继电器必顺由外部信号驱动，不能用程序驱动，所以在程序中不可能出现其线圈。FX 系列 PLC 的输入继电器以八进制进行编号，触点使用次数不限。

2. 输出继电器（Y0 ~ Y7，Y10 ~ Y17，Y20 ~ Y27…）

输出继电器是用来将 PLC 内部信号输出传送给外部负载。输出继电器线圈由 PLC 内部程序的指令驱动，其线圈状态传送给输出单元，再由输出单元对应的硬触点来驱动外部负载，如图 3.3 所示。

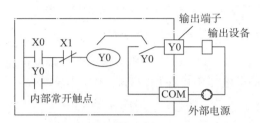

图 3.3　PLC 输出继电器等效电路

输出继电器的电子常开和常闭使用次数不限，在 PLC 中可自由使用，但外部输出触点（输出元件）与内部触点的动作有所不同。

3. 辅助继电器（M）

PLC 内有很多辅助继电器。辅助继电器的线圈与输出继电器一样，由 PLC 内各软元件的触点驱动。辅助继电器的电子常开和常闭触点使用次数不限，在 PLC 内可以自由使用。但是这些触点不能直接驱动外部负载，外部负载的驱动必须由输出继电器来完成。

（1）通用辅助继电器 M0 ~ M499

FX 系列共有 500 点通用辅助继电器。通用辅助继电器的特点是线圈通电，触点动作；线圈断电，触点恢复；当系统断电时，所有的状态也复位。通用辅助继电器在逻辑运算中作为中间继电器用于辅助运算，用作状态暂存、中间过渡等。

（2）断电保持辅助继电器 M500 ~ M3071

FX 系列共有 2 572 个断电保持辅助继电器。它与普通辅助继电器不同的是具有断电保护功能，即能记忆电源中断瞬时的状态，并在新通电后再现其状态。它之所以能在电源断电时保持其原有的状态，是因为电源中断时用 PLC 中的锂电池保持它们映像寄存器中的内容。

（3）特殊辅助继电器 M8000 ~ M8255

FX 系列中共有 256 个特殊辅助继电器，可分成触点型和线圈型两大类。

①触点型，其线圈由 PLC 自动驱动，用户只可使用其触点。

M8000 运行（RUN）监控（PLC 运行时接通），M8001 与 M8000 相反逻辑。

M8002 初始脉冲（仅在运行开始时瞬间接通）。

M8011、M8012、M8013、M8014 分别是产生 10 ms、100 ms、1 s、1 min 时钟脉冲的特殊辅助继电器。M8000、M8002、M8012 波形图如图 3.4 所示。

②线圈型，由用户程序驱动线圈后 PLC 执行特定的动作。例如：

M8030 使 BATT LED（锂电池欠压指示灯）熄灭。

M8033 PLC 停止时输出保持。

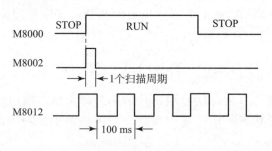

图 3.4   M8000、M8002、M8012 波形图

M8034 禁止全部输出。

M8039 若使其线圈得电，则 PLC 按 M8039 中指定的扫描时间工作。

注：未定义的特殊辅助继电器不可在用户程序中使用。

4. 状态器（S）

状态器在步进顺控程序的编程中是重要的软元件，它与后述的步进顺控指令 STL 组合使用。有以下四种类型：初始状态器 S0 ~ S9 共 10 点，回零状态器 S10 ~ S19 共 10 点，通用状态器 S20 ~ S499 共 480 点，具有状态断电保持的状态器 S500 ~ S899 共 400 点。

各状态器的常开和常闭触点在 PLC 内可以自由使用，使用次数不限。状态器不与步进顺控指令 STL 配合使用时，可作为辅助继电器 M 使用。

5. 定时器（T）

PLC 中的定时器（T）相当于继电器控制系统中的时间继电器，它有一个设定值寄存器，一个当前值寄存器以及无数个触点。对于每一个定时器，这三个量使用同一名称，但使用场合不一样，其所指也不一样，它可以提供无限对常开常闭延时触点。

定时器可分为通用定时器、积算定时器二种。它们是通过对一定周期的时钟脉冲进行累计而实现定时的，时钟脉冲周期有 1 ms、10 ms、100 ms 三种，当所计数达到设定值时触点动作。设定值可用常数 K 或数据寄存器 D 的内容来设置。

（1）通用定时器 T0 ~ T254。

通用定时器的特点是不具备断电的保持功能，即当输入电路断开或停电时定时器复位。通用定时器有 100 ms 和 10 ms 两种。

①100 ms 通用定时器（T0 ~ T199）共 200 点，其中 T192 ~ T199 为子程序和中断服务程序专用定时器。这类定时器是对 100 ms 的时钟累积计数，设定值为 1 ~ 32 767，所以其定时范围为 0.1 ~ 3 276.7 s。

②10 ms 通用定时器（T200 ~ T245）共 46 点。这类定时器是对 10 ms 时钟累积计数，设定值为 1 ~ 32 767，所以其定时范围为 0.01 ~ 3 27.67 s。

如图 3.5 所示，当输入 X0 接通时，定时器线圈 T200 从 0 开始对 10 ms 时钟脉冲进行累积计数，当计数值与设定值 K123 相等时，定时器的常开触点接通，输出 Y0，经

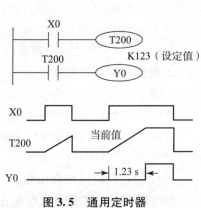

图 3.5   通用定时器

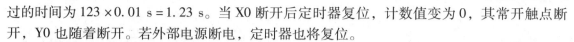

过的时间为 123×0.01 s $= 1.23$ s。当 X0 断开后定时器复位,计数值变为 0,其常开触点断开,Y0 也随着断开。若外部电源断电,定时器也将复位。

（2）积算定时器 T246 ~ T255。

积算定时器具有计数累积的功能。在定时过程中如果断电或定时器线圈 OFF,积算定时器将保持当前的计数值,通电或定时器线圈 ON 后继续累积,即其当前值具有保持功能,只有将积算定时器复位,当前值才变为 0。

① 1 ms 积算定时器（T246 ~ T249）共 4 点,是对 1 ms 时钟脉冲进行累积计数的,定时时间范围为 0.001 ~ 32.767 s。

② 100 ms 积算定时器（T250 ~ T255）共 6 点,是对 100 ms 时钟脉冲进行累积计数的,定时时间范围为 0.1 ~ 3 276.7 s。

积算定时器工作原理如图 3.6 所示,当 X0 接通时,T253 的当前值计数器开始累积 100 ms 的时钟脉冲的个数。当 X0 经 t_0 后断开,而 T253 尚未计数到设定值 K345,其计数的当前值保留。当 X0 再次接通,T253 从保留的当前值开始继续累积,经过 t_1 时间,当前值达到 K345 时,定时器触点动作。累积时间为 $t_0 + t_1 = 0.1 \times 345 = 34.5$（s）。当复位输入 X1 接通时,定时器才复位,当前值变为 0,触点也跟着复位。

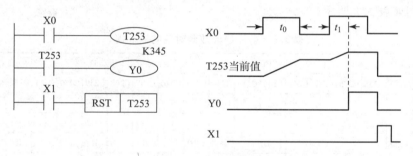

图 3.6 积算定时器

6. 计数器 C

（1）内部计数器。

内部计数器是在执行扫描操作时对内部信号（如 X,Y,M,S,T 和 C）进行计数。因此,其接通时间和断开时间应比 PLC 的扫描周期稍长。

16 位增计数器（C0 ~ C199）共 200 点,其中 C0 ~ C99 为通用型,C100 ~ C199 为断电保持型。这类计数器为递增计数,应用前先对其设置一设定值,当输入信号（即上升沿）个数累加到设定值时,计数器动作,其常开触点闭合,常闭触点断开。计数器的设定值为 1 ~ 32 767,设定值除了用常数 K 设定外,还可间接通过指定数据寄存器设定,如指定 D11 而 D11 的内容为 122,则与设定 K122 等效。

16 位增计数器的工作原理如图 3.7 所示。X11 为计数输入,当 X11 接通时,计数器当前值加 1。当计数器的当前值为 10 时,即计数输入达到第 10 次时,计数器 C0 的输出触点闭合;之后即使输入 X11 再接通,计数器的当前值都保持不变。当复位输入 X10 接通时,执行 RST 指令,计数器当前值复位为 0,输出触点也断开,Y0 被断开。

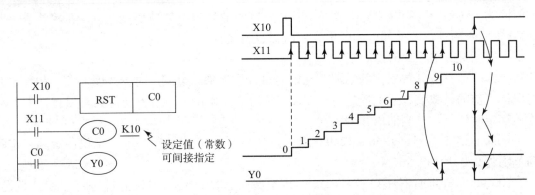

图 3.7　16 位增计数器

（2）高速计数器（C235 ～ C255）。

高速计数器与内部计数器相比除允许输入频率高之外，应用也更为灵活。高速计数器均有断电保持功能，通过参数设定也可变成非断电保持。但它们共享一个 PLC 上的 6 个高速计数器输入端（X0 ～ X5）。即如果输入已被某个计数器占用，它就不能再用于其他高速计数器。即由于只有 6 个高速计数器的输入，因此最多同时用 6 个高速计数器。各高速计数器对应的输入端如表 3.1 所示。

表 3.1　各高速计数器对应的输入端

输入	1 相无启动、复位						1 相带启动、复位					2 相双向						2 相 A – B 相型			
	C235	C236	C237	C238	C239	C240	C241	C242	C243	C244	C245	C246	C247	C248	C249	C250	C251	C252	C253	C254	C255
X0	U/D						U/D			U/D		U	U		U		A	A		A	
X1		U/D					R			R		D	D		D		B	B		B	
X2			U/D					U/D			U/D		R	R		R		R		R	
X3				U/D				R			R		U	U		A			A	
X4					U/D				U/D				D	D		B			B	
X5						U/D			R				R	R		R		R		R
X6							S			S			S			S				
X7								S			S			S				S			S

注：U – 增计数输入；D – 减计数输入；A – A 相输入；B – B 相输入；R – 复位输入；S – 启动输入。

图 3.8（a）所示为 1 相无启动、复位端单相计数输入高速计数器的应用。当 X10 闭合，方向标志 M8235 为 ON 时，计数器 C235 为减计数器；X10 断开，方向标志 M8235 为 OFF 时，计数器 C235 为增计数器。由 X12 选中 C235，从表 3.1 中可知其输入信号来自于 X0，C235 对 X0 输入的 OFF→ON 信号计数，当前值达到 123 时，C235 常开接通，Y0 得电，X11 为复位信号，当 X11 接通时，C235 复位。

图 3.8（b）所示为 1 相带启动、复位端单相计数输入高速计数器的应用。当 X10 闭合，方向标志 M8245 为 ON 时，计数器 C245 为减计数器，X10 断开，方向标志 M8245 为 OFF 时，计数器 C245 为增计数器。由 X12 选中 C245，当 X12 接通时，C245 开始计数。从表 3.1 中可知 C245 还有外部启动输入端，当 X7 接通时，C245 开始计数；当前值达到 D0 时，C245 常开接通，Y0 得电，X11 为复位信号；当 X11 接通时，C245 复位。从表 3.1 可知，C245 还能由外部输入 X3 复位。

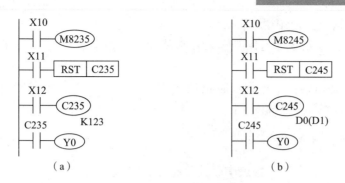

图 3.8　1 相型高速计数器

（a）1 相无启动、复位端；（b）1 相带启动、复位端

3.2　三菱 PLC 常用编程指令

1. 取指令与输出指令（LD/LDI/OUT）

取指令及输出线圈指令如表 3.2 所示，其应用如图 3.9 所示。

表 3.2　LD/LDI/OUT 指令

符号名称	功能	梯形图符号	操作元件	程序步
LD（取）	常开触点逻辑运算起始		X、Y、M、S、T、C	1
LDI（取反）	常闭触点逻辑运算起始		X、Y、M、S、T、C	1
OUT（输出）	线圈驱动		Y、M、S、T、C	Y, M：1　T：3　C：3~5

LD：取指令；表示一个与输入母线相连的常开触点指令。

LDI：取反指令；表示一个与输入母线相连的常闭触点指令。

OUT：是线圈驱动指令，也叫输出指令。

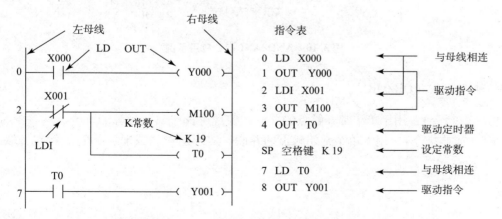

图 3.9　LD/LDI/OUT 指令应用示例

取指令与输出指令的使用说明：

（1）LD、LDI 两条指令即可用于输入左母线相连的触点，也可与 ANB、ORB 指令配合实现块逻辑运算。

（2）OUT 指令是对输出继电器、辅助继电器、状态继电器、定时器、计数器的线圈的驱动指令，对于输入继电器不能使用。

2. 触点串联指令（AND/ANI）

AND（与指令）：一个常开触点串联连接指令，完成逻辑"与"运算。

ANI（与非指令）：一个常闭触点串联连接指令，完成逻辑"与非"运算。触点串联指令如表 3.3 所示。

表 3.3　AND/ANI 指令

符号名称	功能	梯形图符号	操作元件	程序步
AND（与）	常开触点串联连接		X、Y、M、S、T、C	1
ANI（与非）	常闭触点串联连接		X、Y、M、S、T、C	1

说明：

（1）AND，ANI 指令，可进行触点的串联连接。串联触点个数没有限制，该指令可以多次重复使用。

（2）图 3.10 中，OUT M1 指令之后通过 M1 的常开触点去驱动 Y1 称为连续输出。

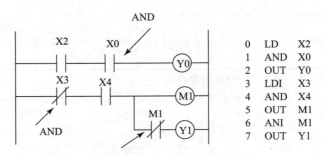

图 3.10　AND/ANI 指令应用示例

3. 触点并联（OR/ORI）

OR（或指令）：用于单个常开触点的并联，实现逻辑"或"运算。

ORI（或非指令）：用于单个常闭触点的并联，实现逻辑"或非"运算。触点并联指令如表 3.4 所示。

表 3.4　OR/ORI 指令

符号名称	功能	电路表示	操作元件	程序步
OR（或）	常开触点并联连接		X、Y、M、S、T、C	1
ORI（或非）	常闭触点并联连接		X、Y、M、S、T、C	1

OR/ORI 指令应用示例如图 3.11 所示。

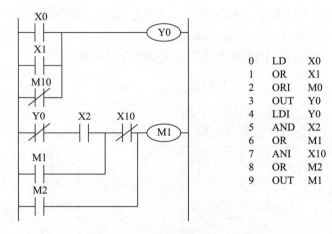

```
0   LD    X0
1   OR    X1
2   ORI   M0
3   OUT   Y0
4   LDI   Y0
5   AND   X2
6   OR    M1
7   ANI   X10
8   OR    M2
9   OUT   M1
```

图 3.11　OR/ORI 指令应用示例

说明：（1）OR、ORI 用作为 1 个触点的并联连接指令，为连接 2 个以上的触点串联连接的电路块的并联连接时，要用后述的 ORB 指令。

（2）OR、ORI 指令是从该指令的当前步开始，对前面的 LD/LDI 指令并联连接。并联连接的次数无限制。

4. 块操作指令（ORB/ANB）

（1）ORB（块或指令）：用于两个或两个以上触点串联连接的电路之间的并联。

（2）ANB（块与指令）：用于两个或两个以上触点并联连接的电路之间的串联。触点指令如表 3.5 所示。

表 3.5　ORB/ANB 指令

符号名称	功能	电路表示	操作元件	程序步
ORB（块或）	串联电路块之间的并联		无	1
ANB（块与）	并联电路块之间的串联		无	1

ORB 指令应用示例如图 3.12 所示。

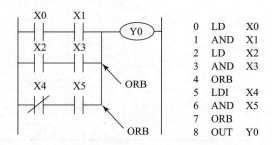

图 3.12　ORB 指令应用示例

（1）2 个以上的触点串联连接的电路称为串联电路块。串联电路块并联连接时，分支的开始用 LD、LDI 指令，分支的结束用 ORB 指令。

（2）ORB 指令与后述的 ANB 指令等均为无操作元件号的指令。

ANB 指令应用示例如图 3.13 所示。

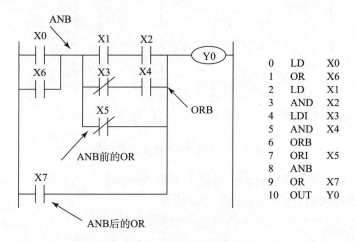

图 3.13　ANB 指令应用示例

（1）分支电路并联电路块与前面电路串联连接时，使用 ANB 指令。分支的起点用 LD、LDI 指令。并联电路块结束后，使用 ANB 指令与前面电路串联。

（2）若多个并联电路块顺次用 ANB 指令与前面电路串联连接，则 ANB 的使用次数没有限制。

（3）虽然可以连续使用 ANB 指令，但这时与 ORB 指令同样，要注意 LD、LDI 指令的使用次数限制（8 次以下）。

5. 置位与复位指令（SET/RST）

（1）SET（置位指令）：使被操作的目标元件置位并保持。

（2）RST（复位指令）：使被操作的目标元件复位并保持清零状态。置位与复位指令如表 3.6 所示。

表 3.6　SET/RST 指令

符号名称	功能	电路表示	操作元件	程序步
SET（置位）	令元件自保持 ON	⊢⊦──SET Y,M,S	Y，M，S	Y，M：1 S，待 M：2
RST（复位）	令元件自保持 OFF 清数据寄存器	⊢⊦──RST Y,M,S,T,C…	Y，M，C，T，S，D，V，Z	D，V，Z，特 D：3

SET/RST 指令应用示例如图 3.14 所示。

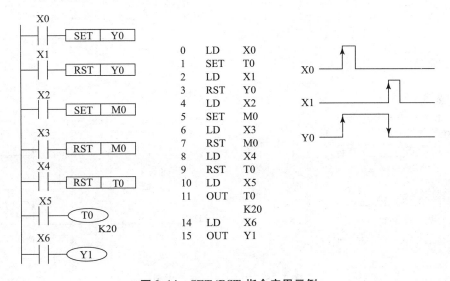

```
0    LD     X0
1    SET    T0
2    LD     X1
3    RST    Y0
4    LD     X2
5    SET    M0
6    LD     X3
7    RST    M0
8    LD     X4
9    RST    T0
10   LD     X5
11   OUT    T0
             K20
14   LD     X6
15   OUT    Y1
```

图 3.14　SET/RST 指令应用示例

（1）X0 一接通，即使再变成断开，Y0 也保持接通。当 X1 接通后，即使再变成断开，Y0 也将保持断开。对于 M，S 也是同样。

（2）对同一元件可以多次使用 SET、RST 指令，顺序可任意，但在最后执行的一条才有效。

6. 程序结束指令（END）

PLC 反复进行输入处理、程序运算、输出处理。若在程序最后写入 END 指令，则 END 以后的程序就不再执行，直接进行输出处理。在程序调试过程中，按段插入 END 指令，可以顺序扩大对各程序段动作的检查。END 指令如表 3.7 所示。

表 3.7　END 指令

符号名称	功能	电路表示	操作元件	程序步
END（结束）	输入、输出处理 程序回第 "0" 步	─[END]	无	1

7. 脉冲输出指令（PLS/PLF）

PLS 是上升沿微分脉冲指令，当检测到逻辑关系的结果为上升沿信号时，驱动的操作软元件产生一个脉冲宽度为一个扫描周期的脉冲信号。

PLF 是下降沿微分脉冲指令，当检测到逻辑关系的结果为下降沿信号时，驱动的操作软元件产生一个脉冲宽度为一个扫描周期的脉冲信号。脉冲输出指令如表 3.8 所示。

表 3.8　脉冲输出指令

符号名称	功能	电路表示	操作元件	程序步
PLS（上升沿）	上升沿产生脉冲输出	—┤ ├—[PLS　Y,M]	Y，M	2
PLF（下降沿）	下降沿产生脉冲输出	—┤ ├—[PLF　Y,M]	Y，M	2

PLS/PLF 指令应用如图 3.15 所示。

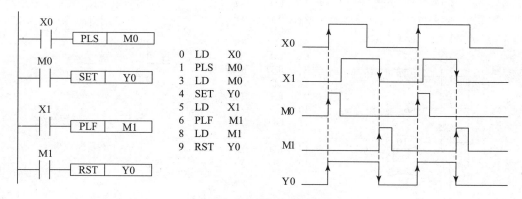

```
0  LD   X0
1  PLS  M0
3  LD   M0
4  SET  Y0
5  LD   X1
6  PLF  M1
8  LD   M1
9  RST  Y0
```

图 3.15　PLS/PLF 指令应用

（1）使用 PLS 指令，元件 Y、M 仅在驱动输入接通（OFF→ON）后的一个扫描周期内动作（置 1）。

（2）使用 PLF 指令，元件 Y、M 仅在驱动输入断开（ON→OFF）后的一个扫描周期内动作（置 1）。

（3）特殊继电器不能用作于 PLS/ PLF 的操作元件。

3.3　PLC 编程的规则与技巧

1. 编程的基本规则

（1）梯形图按自上而下，从左到右的顺序编制，每个继电器线圈为一个逻辑行，即一层阶梯，每一逻辑行始于左母线，终于右母线；

（2）触点只能与左母线相连，不能与右母线相连；

（3）线圈只能与右母线相连，不能直接与左母线相连，右母线可以省略；

（4）一般情况下，在梯形图中某个编号继电器线圈只能出现一次，而继电器触点（常开/常闭）可以无限次使用；

（5）线圈可以并联，不能串联连接，应尽量避免双线圈输出。

2. 编程的技巧

（1）每一逻辑行中，串联触点多的支路应放在上方，如图 3.16 所示。

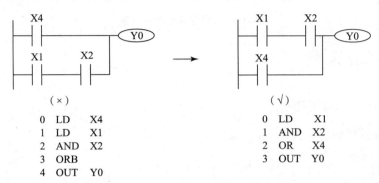

```
0  LD   X4          0  LD   X1
1  LD   X1          1  AND  X2
2  AND  X2          2  OR   X4
3  ORB             3  OUT  Y0
4  OUT  Y0
```

图 3.16　串联多的支路应尽量放在上方

（2）并联触点多的支路应靠近母线，否则语句增多，程序变长，如图 3.17 所示。

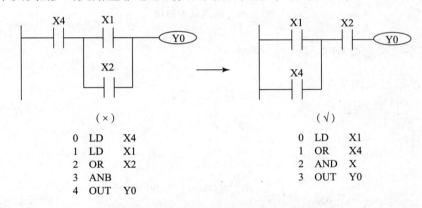

```
0  LD   X4          0  LD   X1
1  LD   X1          1  OR   X4
2  OR   X2          2  AND  X
3  ANB             3  OUT  Y0
4  OUT  Y0
```

图 3.17　并联多的支路应尽量靠近母线

（3）触点应画在水平线上，不能画在垂直线上，（桥形电路的化简方法：找出每条输出路径进行并联）如图 3.18 所示。

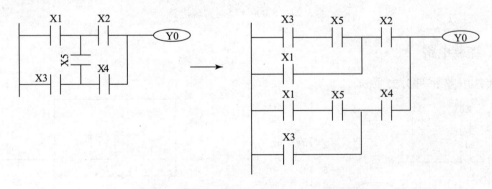

图 3.18　将串联电路改成右边形式才能编程

（4）线圈并联电路中，应将单个线圈放在上边，如图 3.19 所示。

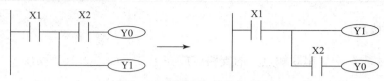

图 3.19　线圈并联电路示例

3.4　PLC 编程实例

1. 断电延时电路的实现

断电延时电路的实现如图 3.20 所示。

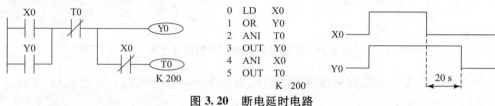

图 3.20　断电延时电路

2. 用两个定时器实现 5 000 s 的延时

5 000 s 的延时如图 3.21 所示。

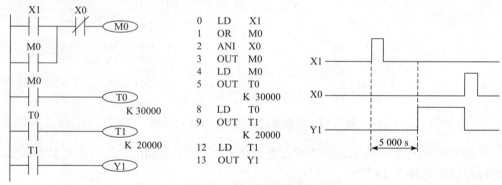

图 3.21　5 000 s 延时实现电路

3. 振荡电路

振荡电路如图 3.22 所示。

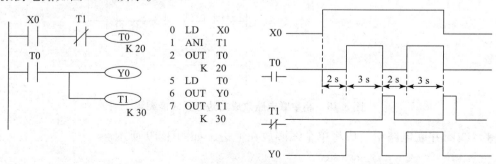

图 3.22　振荡电路

3.5 FX 系列 PLC 的状态图与步进指令

FX 有两条步进指令：STL（步进触点指令）和 RET（步进返回指令）。

STL 和 RET 指令只有与状态器 S 配合才能具有步进功能。如 STL S20 表示状态常开触点，称为 STL 触点，它在梯形图中的符号为 ⊣⊢，它没有常闭触点。每一个状态器 S 记录一个步。

1. 状态转移图（SFC）

状态转移是用于描述顺序控制系统控制过程的一种图形，由步、转移条件、转移目标、驱动负载组成。S0 ~ S9 为初始状态继电器，用于功能图的初始步，方框表示步，方框内是步的元件名或步的名称。步与步间用有向线段连接，如图 3.23 所示。当 S20 有效时，输出 Y0、Y1 接通，（Y0 用 OUT 指令驱动，Y1 用 SET 指令置位）程序等待转移条件 X1 动作，当 X1 接通时，步由 S20→S21，这时 Y0 断开，Y1 保持接通。状态转移图中的每一步含三个内容：本步驱动的内容、转移条件及指令的转换目标。如图 3.23 中系统由 S20 状态转为 S21 状态，X1 即为转换条件，转换的目标为 S21 步。

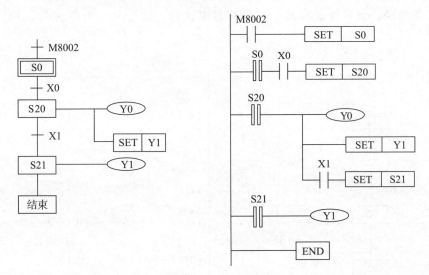

图 3.23 状态转移图

步进指令的使用说明：

（1）STL 触点是与左侧母线相连的常开触点，STL 触点接通，则对应的状态为活动步。

（2）与 STL 触点相连的触点用 LD 或 LDI 指令，执行完 RET 后返回左母线。

（3）STL 指令仅对状态组件 S 有效，不能用于非状态组件。只有步进接点才能驱动状态组件 S，如 STL S0，当不用状态组件时，S 与普通继电器一样。

（4）当一个新的状态被 STL 指令置位时，其前一状态就复位。

（5）步进接点接通时，与其相连的电路才可执行，断开时，停止执行，可用 SET 指令保持输出，复位用 RST。

（6）STL 触点可直接驱动或通过别的触点驱动 Y、M、S、T 等元件的线圈。

（7）PLC 只执行活动步对应的电路，所以使用 STL 指令时允许双线圈输出。

（8）STL 触点驱动的电路块中不能使用 MC 和 MCR 指令，但可以用 CJ 指令。

（9）在中断程序和子程序内，不能使用 STL 指令。

（10）当把 LD/LDI 返回主母线时，需用步进返回指令 RET。

2. 步进指令编程规则

（1）初始化编程 S0～S9，首次运行时，PLC 从 STOP→RUN 切换瞬间的初始脉冲使用特殊辅助继电器 M8002 接通来驱动初始化。

（2）一般状态的编程，先驱动负载后转移处理。

（3）状态组件不可重复使用，对状态的处理必须使用步进接点指令 STL。

（4）相邻的状态不能用同一个定时器，否则不能复位。

（5）状态的连续转移用 SET，非连续转移用 OUT。

（6）STL 与 RET 之间不能用 MC、MCR 指令，MPS 指令也不能紧接着 STL 指令。程序的最后必须使用步进返回指令 RET。

3. 选择性分支与汇合编程

若有多条路径，而只能选择其中一条路径来执行，这种分支方式称为选择分支，如图 3.24 所示。

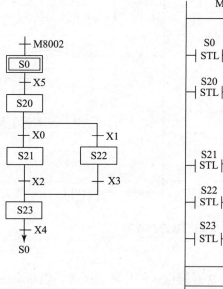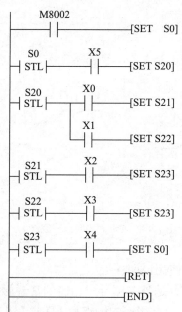

图 3.24　选择分支与汇总

当 S20 执行后，若 X0 先有效，则跳到 S21 执行，此后即使 X1 有效，S22 也无法执行。之后若 X2 有效，则脱离 S21 而跳到 S23 执行，当 X4 有效后，则结束流程。

4. 并进分支与汇合流程

若有多条路径，且必须同时执行，这种分支的方式称为并进分支流程。在各条路径都执行后，才会继续往下执行，像这种有等待功能的方式称之为并进汇合，如图 3.25 所示。

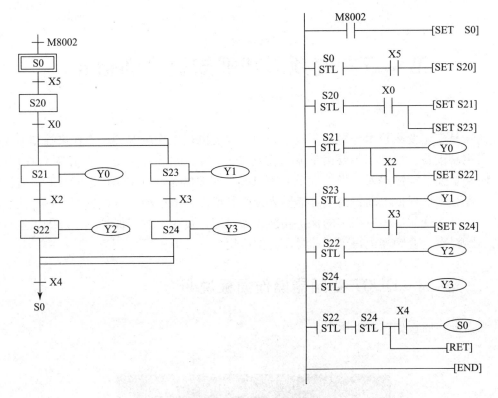

图 3.25　并进分支与汇合

当 S20 执行后，若 X0 有效，则 S20 及 S23 同时执行。当 S22 及 S24 都已执行后，若 X4 有效，则脱离 S22 及 S24 而跳到 S0 执行，程序结束。当左边路径已执行到 S22，而右边路径尚停留在 S23 时，此时即使 X4 有效，也不会跳到 S0 执行。

第4章　变频器基础知识培训指导

变频器是应用变频技术与微电子技术，通过改变电机工作电源频率方式来控制交流电动机的电力控制设备。变频器主要由整流（交流变直流）、滤波、逆变（直流变交流）、制动单元、驱动单元、检测单元、微处理单元等组成。变频器靠内部 IGBT 的开断来调整输出电源的电压和频率，根据电动机的实际需要来提供其所需要的电源电压，进而达到节能、调速的目的，另外，变频器还有很多的保护功能，如过流、过压、过载保护等。随着工业自动化程度的不断提高，变频器也得到了非常广泛的应用。

4.1　三菱 FR−DU07 变频器操作面板说明

变频器操作面板如图 4.1 所示。

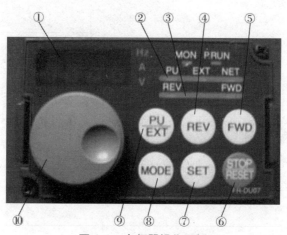

图 4.1　变频器操作面板

①4 位 LED 监视器，用来显示频率、电压、参数编号等。

②运行模式显示，其中 PU 指 PU 运行模式时亮灯，EXT 指外部运行模式时亮灯，NET 指网络运行模式时亮灯。

③显示转动方向，FWD 指正转时亮灯，REV 指反转时亮灯。

④FWD 为正转指令。

⑤REV 为反转指令。

⑥停止运行指令，也可复位报警。

⑦设置指令，确定各类设置。

⑧模式切换指令，用来切换各设定模式。

⑨运行模式切换，PU 进行与外部运行模式间切换。

⑩M 旋钮，设置频率，改变参数的设定值。外部运行模式（用另行设置的频率和启动

信号运行）的情况下，请按此键，使运行模式显示的 EXT 亮灯。

4.2　变频器部分端子及参数使用功能说明

主回路端子功能见表4.1。

表 4.1　主回路端子功能

端子记号	端子名称	端子功能说明
R/L1，R/L2，R/L3	交流电源输入	连接工作电源。当使用高功率因数变流器（FR – HC，MT – HC）及共直流母线变流器（FR – CV）时不要连接任何东西
U，V，W	变频器输出	接三相鼠笼电动机
R1/L11 S1/L21	控制回路用电源	与交流电源端子 R/L1，S/L2 连接。在保持故障显示或故障输出时及使用高功率因数变流器（FR – HC，MT – HC）和共直流母线变流器（FR – CV）时把端子 R/L1 – R/L11，S/L2 – S/L21 间的短路片拆下，从外部接通此端子的电源。 请不要在主回路电源（R/L1，S/L2，T/L3）接通的状态下把控制回路用电源（R1/L11，S1/L21）断开。否则有可能损坏变频器。请使回路可以同时断开主回路用电源（R/L1，S/L2，T/L3）
P/ +，N/ –	连接制动单元	连接制动单元（FR – BU，BU，MT – BU5），共直流母线变流器（FR – CV）电源再生转换器（MT – RC）及高功率因素变流器（FR – HC，MT – HC）
P/ +，P1	连接改善功率因数直流电抗器	取下端子 P/ + 与 P1 之间的短路片，连接直流电抗器（FR – HEL）（S75K 以上中则按标准附带直流电抗器）
PR，PX	拆除端子 PR，PX 或是所连接的短路片后请不要使用	
⏚ 接地		变频器外壳接地用，必须接大地

控制回路部分端子功能见表4.2。

表 4.2　控制回路部分端子功能

种类	端子记号	端子名称	端子功能说明	
输入	STF	正转启动	STF 信号处于 ON 正转，处于 OFF 便停止	STF，STR 信号同时 ON 时变成停止指令
	STR	反转启动	STR 信号 ON 为逆转，OFF 为停止	
	STOP	启动自保持选择	使 STOP 信号处于 ON，可以选择启动信号自保持	
	RH RM RL	多段速度选择	用 RH，RM 和 RL 信号的组合可以选择多段速度	
	SD	公共输入端子	接点输入端子的公共端子	

部分参数功能见表4.3。

表4.3   部分参数功能

功能	参数	名称	内容
多段速设定的运行	Pr. 4	多段速设定（高速）	设定 RH – ON 时的频率
	Pr. 5	多段速设定（中速）	设定 RM – ON 时的频率
	Pr. 6	多段速设定（低速）	设定 RL – ON 时的频率
	Pr. 24 ~ Pr. 27	多段速设定（4 ~ 7 速）	用 RH，RM，RL，REX 信号的组合来设定 4 ~ 15 速的频率
	Pr. 232 ~ Pr. 239	多段速设定（8 ~ 15 速）	
加/减速时间的设定	Pr. 7	加速时间	设定电动机的加速时间
	Pr. 8	减速时间	设定电动机的减速时间
操作模式选择	Pr. 79	模式选择	电源置为 ON 时的操作模式

4.3   变频器改造使用示例

用变频器改造继电 – 接触控制线路的正反转两地控制电路，如图4.2所示并进行设计、安装与调试。

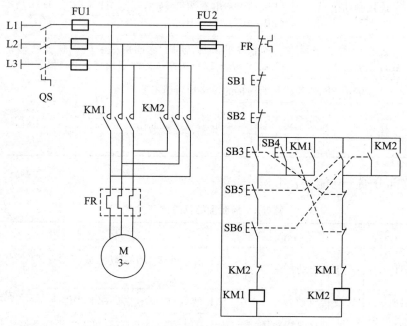

图4.2   正反转两地控制的控制电路

1. 考核要求

（1）根据给定的继电控制电路图，按国家电气绘图规范及标准，绘制成变频器控制的电路图，写出变频器需要设定的参数，并正确熟练地进行安装。元件在配线板上布置要合理，安装要准确，紧固、配线要求美观、牢固，导线要进入线槽，并能正确使用工具和仪表。

（2）按钮盒不固定在配线板上，电源和电动机配线、按钮接线要接到端子排上，进出线槽要有端子标号，引出端要用别径压端子。

（3）熟练操作设定变频器参数的按键，并能正确输入参数。按照被控制设备要求，进行正确的调试。

2. 设计电路图

（1）根据试题要求及所提供的器材进行电路设计。本题的设计任务是：在正反转的控制线路上加上两地启动停止。两地控制线路的一个重要接线原则，就是控制同一台电动机的多个启动按钮相互并联在控制电路中，多个停止按钮要相互串联于控制电路中。

（2）根据电气控制电路的设计方法，建立变频控制的电气控制系统电路图。因为变频器外部端子控制模式有多种，所以在设计时，应先确定变频器外部端子控制模式中的一种。

（3）三相交流输入电源与主回路端（R、S、T）之间的连线一定要接 1 个无熔丝开关，最好能另串接 1 个电磁接触器（MC）以在变频器保护功能动作时可同时切断电源（电磁接触器的两端需加装 $R-C$ 阻容吸收电路）。

变频器正反转两地控制电路如图 4.3 所示。

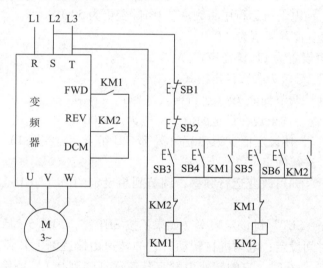

图 4.3　变频器正反转两地控制电路

3. 布线

按电路图的要求确定走线方向进行布线。截取长度合适的导线，选择适当剥线钳钳口进行剥线。线号套管必须齐全，每一根导线的两端都必须套上编码套管，标号要写清楚，不能漏标、误标。接线不能松动、露出铜线不能过长，不能压绝缘层，从一个接线桩到另一个接线桩的导线必须是连续的，中间不能有接头，不得损伤导线绝缘及线芯。变频器的接地专门有一个接地端子"E"，应将此端子与大地相接。当变频器和其他设备或有多台变频器一起接地时，每台设备都必须分别与地线相接，不允许将一台设备的接地端与另一台的接地端相接后再接地。变频器输入电源 R、S、T 并无相序分别，可任意连接使用。

4. 变频器参数设置

变频器参数可根据电动机的铭牌规定设定，有些参数也可以由变频器自动测量设定。上限频率与下限频率是调速控制系统所要求变频器的工作范围，它们的大小应根据实际工作情况设定，避免造成电动机因运转速度过低可能产生过热现象，或是因速度过高造成机械磨损等。设定加速时间的原则是在电动机启动电流不超过允许值的前提下，尽可能地缩短加速时间。需要进行频繁的制动或负载惯性大时，就应当选择外接制动电阻。具体参数设置步骤如下。

（1）参数清除设置：变频器在使用前，由于前一个使用者已设定了一些参数，若直接使用，则在操作过程中变频器会按照上一次所设定的参数运行，因此在使用时，要对已设的参数进行清除，具体操作过程如下：

①供给电源（即合上 QS）时的监视器显示为 "0.00"。

②按下 PU 运行模式切换键，设置为 PU 操作模式，进行与外部运行模式间的切换。

③旋转 "M 旋钮" 调节到 "Pr. CL"（参数清除）。

④按下 "SET" 键，读取当前设定的值，一般为 "0"。

⑤旋转 "M 旋钮" 改变设定值为 "1"（参数恢复到初始值）。

⑥按下 "SET" 键，进行确定。

（2）频率设置：在电动机运行中将频率从 0 Hz 变更为 50 Hz。

①供给电源时的监视器显示为 "0.00"。

②按下 "PU" 键设置为 PU 操作模式。

③按下 "MODE" 键转为参数设定模式。

④旋转 "M 旋钮" 调节到 P.79（运行模式选择）。

⑤按下 "SET" 键，读出现在设定的值，一般为 "0.00"。

⑥旋转 "M 旋钮"，使设定值变为 "3"（外部/PU 组合运行模式 1）。

⑦按下 SET 键，进行确定。

⑧旋转 "M 旋钮" 即可改变运行频率，调节到想设定的值（50 Hz）显示到监视器上，约闪烁 5 s。

⑨数值闪烁时按 "SET" 键设定频率（如果不按 SET 键，闪烁 5 s 后回到 0.00 Hz）。

（3）加、减速时间设定：电动机在转动时它的转速由慢逐渐上升到额定转速（即频率从 0 上升到最大），在停止时，它的转速由额定转速逐渐降到 0（即频率从最大下降到 0），这需要一个惯性的过程，通常用频率设定信号上升、下降来确定加减速时间。在电动机加速时需限制频率设定的上升率以防止过电流，减速时则限制下降率以防止过电压。用变频器设定加/减速时间，可以使它转换的过程变快，起到能耗的作用（在电动机运行中将加速时间由 5 s 变 3 s，减速时间由 10 s 变为 6 s），具体步骤如下：

①供给电源（即合上 QS）时的监视器显示为 "0.00"。

②按下 PU 运行模式切换键，设置为 PU 操作模式，进行与外部运行模式间的切换。

③旋转 "M 旋钮" 调节到 "Pr. CL"（参数清除）。

④旋转 "M 旋钮" 调节到 P.7（减速时则旋转 "M 旋钮" 调节到 P.8）。

⑤按 "SET" 键读取当前设定值（即加速初始值为 5.0 s，减速初始值为 10.0 s）。

⑥旋转 "M 旋钮" 改变设定值为 "3.0 s"（或 6.0 s）。

⑦按下 SET 键，进行确定。

第 5 章　常用电子元器件识别与检测

电子产品制造业常用的物料可分为生产物料和辅助物料两大类，生产物料大致可分为：电子元器件、标准件、五金件、塑胶件；辅助物料可分为：标签、硅脂、洗板水、酒精、热缩管、锡条等。随着电子技术及其应用领域的迅速发展，所用的元器件种类日益增多，学习和掌握常用元器件的性能、用途、质量判别方法，对提高电气设备的装配质量及可靠性将起重要的保证作用。电阻器、电容器、电感器、二极管、三极管、集成电路等都是电子电路常用的器件。

5.1　电阻器和电位器

1. 电阻器的命名和分类

电阻是物质对电流的阻碍作用，利用这种阻碍作用做成的元件称为电阻器。电阻器是电工电子元器件中应用最广泛的一种，在电子设备中约占元器件总数的 30% 以上，其质量的好坏对电路工作的稳定性有极大的影响。电阻器的主要用途是稳定和调节电路中的电流和电压，此外还可作为分流器、分压器和负载使用。

（1）电阻器的命名。

电阻器，简称电阻，通常用 R 表示。它是指具有一定阻值、一定几何形状、一定技术性能的，在电路中起特定作用的元件。电阻的单位是欧姆，用希腊字母 Ω 表示。在实际应用中，常常使用的单位有 kΩ（千欧）、MΩ（兆欧）等。国产电阻器的型号命名方法见表 5.1。

表 5.1　国产电阻器的型号命名方法

第一部分：主称		第二部分：材料		第三部分：特征			第四部分：序号
符号	意义	符号	意义	符号	意义		
R	电阻器				电阻器	电位器	
W	电位器	T	碳膜	1	普通	普通	对主称、材料相同，仅性能指标、尺寸大小有差别，但基本不影响互换使用的产品，给予同一序号；若性能指标、尺寸大小明显影响互换时，则在序号后面用大写字母作为区别代号
		H	合成膜	2	普通	普通	
		S	有机实心	3	超高频	—	
		N	无机实心	4	高阻	—	
		J	金属膜	5	高温	—	
		Y	氧化膜	6	—	—	
		C	沉积膜	7	精密	精密	
		I	玻璃釉膜	8	高压	特殊函数	

续表

第一部分：主称		第二部分：材料		第三部分：特征			第四部分：序号
符号	意义	符号	意义	符号	意义		
					电阻器	电位器	
R	电阻器						
W	电位器	P	硼碳膜	9	特殊	特殊	
		U	硅碳膜	G	高功率	—	
		X	线绕	T	可调	—	
		M	压敏	W	—	微调	
		G	光敏	D	—	多圈	
		R	热敏	B	温度补偿用	—	
				C	温度测量用	—	
				P	旁热式	—	
				W	稳压式	—	
				Z	正温度系数	—	

示例如下：

精密金属膜电阻器

R J 7 3
　　　　└── 第4部分：序号
　　　└── 第3部分：特征（精密）
　　└── 第2部分：材料（金属膜）
　└── 第1部分：主称（电阻器）

多圈线绕电位器

W X D 3
　　　　└── 第4部分：序号
　　　└── 第3部分：特征（多圈）
　　└── 第2部分：材料（线绕）
　└── 第1部分：主称（电位器）

（2）电阻器的分类。

电阻器按结构可分为固定电阻器和可调电阻器两大类。固定电阻器的阻值是固定的，已经制成后不再改变；可调电阻器的阻值可以在一定范围内调整，其部分外形如图5.1所示。

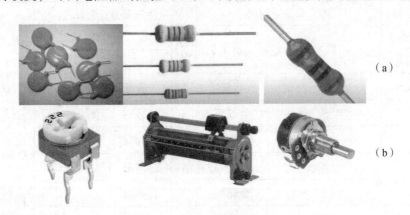

（a）

（b）

图5.1　部分电阻器外形图
（a）固定电阻器；（b）可调电阻器

固定电阻器一般也简称为"电阻"，由于制作材料和工艺不同，固定电阻器又可分为：

膜式电阻（碳膜 RT、金属膜 RJ、合成膜 RH 和氧化膜 RY），实心电阻（有机 RS 和无机 RN），金属线绕电阻（RX），特殊电阻（MG 型光敏电阻、MF 型热敏电阻）四种。

可调电阻器又称为电位器，是一种阻值在一定范围内连续可调的电阻器。一般的可调电阻器有 3 个接头，它主要用在阻值需要调整的电路中。

2. 电阻器的额定功率

电阻器的额定功率是在规定的环境温度和湿度下，假定周围空气不流通，在长期连续负载而不损坏或基本不改变性能的情况下，电阻器上允许消耗的最大功率。为保证安全使用，一般选其额定功率比它在电路中消耗的功率高 1 ~ 2 倍。额定功率分 19 个等级，常用的有 0.05 W、0.125 W、0.25 W、0.5 W、1 W、2 W、3 W、5 W、7 W、10 W，在电路图中非线绕电阻器额定功率的符号表示如图 5.2 所示。

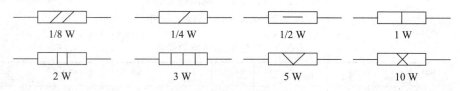

图 5.2　电阻器的额定功率

3. 电阻阻值标示法

电阻用符号"R"表示，基本单位"Ω"一般不出现在元件的标注中，实用单位有欧姆、千欧、兆欧，分别用 Ω、$k\Omega$、$M\Omega$ 表示。电阻的标示法有直标法、文字符号法、数码法、色标法。

（1）直标法：用数字和单位符号在电阻器表面标出阻值，其允许误差直接用百分数表示，若电阻上未注偏差，则均为 ±20%。符号前面的数字表示整数阻值，后面的数字依次表示第一位小数阻值和第二位小数阻值，其文字符号所表示的单位如表 5.2 所示。如 100 Ω ± 5% 表示 100 Ω，容许偏差为 5%；50 $k\Omega$ 表示 50 千欧，容许偏差为 ±20%；2 $M\Omega$ 表示 2 兆欧，容许偏差为 ±20%。1R5 表示 1.5 Ω，2k7 表示 2.7 $k\Omega$。

表 5.2　电阻文字符号所表示单位

文字符号	R	k	M	G	T
表示单位	欧姆 （Ω）	千欧姆 （$10^3 \Omega$）	兆欧姆 （$10^6 \Omega$）	千兆欧姆 （$10^9 \Omega$）	兆兆欧姆 （$10^{12} \Omega$）

（2）文字符号法：用阿拉伯数字和文字符号两者有规律的组合来表示标称阻值，其允许偏差也用文字符号表示。符号前面的数字表示整数阻值，后面的数字依次表示第一位小数阻值和第二位小数阻值。

（3）数码法：在电阻器上用三位数码表示标称值的标志方法。数码从左到右，第一、二位为有效值，第三位为指数，即零的个数，单位为欧。偏差通常采用文字符号表示。如"472"表示 $47 \times 10^2 \ \Omega$。

（4）色标法：用不同颜色的带或点在电阻器表面标出标称阻值和允许偏差。国外电阻大部分采用色标法，一般有 4 道或 5 道色环。4 道色环的含义，其中第一道和第二道色环表示 2 位有效数字，第三道色环表示倍率，第四道色环表示误差等级（即允许偏差）。5 道色环的含义，其中第一道、第二道、第三道环表示 3 位有效数字，第四道环表示倍数，第五道环表示误差等级（图 5.3），色环一般采用棕、红、橙、黄、绿、蓝、紫、灰、白、黑、金、银色来表示，各颜色的含义如表 5.3 所示。

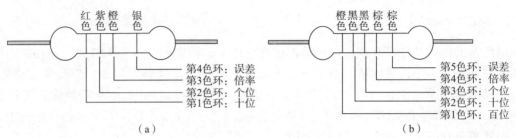

图 5.3   用色环表示电阻值和偏差

（a）四色环电阻；（b）五色环电阻

表 5.3   电阻色环颜色的意义

颜色	黑	棕	红	橙	黄	绿	蓝	紫	灰	白	金	银
有效数字	0	1	2	3	4	5	6	7	8	9	—	—
倍率	10^0	10^1	10^2	10^3	10^4	10^5	10^6	10^7	10^8	10^9	10^{-1}	10^{-2}
允许偏差 /%	—	±1	±2	—	—	±0.5	±0.25	±0.1	±0.05	—	±5	±10

图 5.3 中四色环电阻的阻值 $R = (27 \times 10^3)$ Ω $= 27$ kΩ，允许偏差为 ±10%。

图 5.3 中五色环电阻的阻值 $R = (300 \times 10^1)$ Ω $= 3$ kΩ，允许偏差为 ±1%。

5.2   电容器

在我们周围的物质世界中，大家能看到很多容器，如粮仓、油桶、杯子等。在无线电装备中，却有一种与众不同的容器，在它内部可储存电荷，我们称它为电容器。电容器是电子制作中主要的元器件之一，和电阻器一样几乎每种电路中都离不开它。电容器是一种储存电能的元件。两块相互平行且互不接触的金属板就构成一个最简单的电容器。电容器应用不同、结构不同、材料不同，它的品种规格也是五花八门，图 5.4 所示为部分常见电容器外形图。

图 5.4   部分常见电容器外形图

1. 电容器的作用

如果把组成电容器的金属板两端分别接到电池的正、负极上，那么接电池正极的金属板上的电子就会被电池的正极吸收过去而带正电荷，接负极的金属板就会从电池的负极得到大量电子而带负电荷，这种现象就叫作电容器的"充电"。充电的时候，电路中有电流流动，当两块金属板所充的电荷而形成的电压与电池电压相等时，充电就停止，电路中就没有电流，相当于开路，这就是电容器能隔断直流通过的道理。如果将电容器与电池分开，用导线把电容器的两端连接起来，在刚接通一瞬间，电路中就有电流通过，随着电流流动，两金属板之间的电压就很快降低，直到两金属板上的正负电荷完全消失，这种现象叫作"放电"。电容器是一种储能元件，在电路中用于谐振、滤波、耦合、旁路、能量转换和延时。

2. 电容器的命名

国产电容器的命名见表 5.4，如 CJX – 220 – 0.47 – ±10% 电容器，其中 C 表示电容器，J 表示材料是金属化纸介，X 表示特征为小型，其余数字表示工作电压是 220 V。

表 5.4　国产电容器型号命名

第一部分		第二部分		第三部分						第四部分
用字母 表示主称		用字母 表示材料		符 号	意义					
符号	意义	符号	意义		瓷介	云母	玻璃	电解	其他	
		C	瓷介	1	圆片	非密封	—	箔式	非密封	
		Y	云母	2	管形	非密封	—	箔式	非密封	
		I	玻璃釉	3	选片	密封	—	炭结粉固体	密封	
		O	玻璃膜	4	独石	密封	—	炭结粉固体	密封	
		Z	纸介	5	穿心	—	—	—	穿心	
		J	金属化纸	6	支柱	—	—	—	—	
		B	聚苯乙烯	7	—	—	—	无极性	—	
		L	涤纶	8	高压	高压	—	—	高压	用数字表示：品种、尺寸代号、温度特性、直流工作电压、标称值、允许偏差、标准代号
C	电容器	Q	漆膜	9	—	—	特殊	—	特殊	
		S	聚碳酸酯	J	金属膜					
		H	复合介质	W	微调					
		D	铝							
		A	钽							
		N	铌							
		G	合金							
		T	钛							
		E	其他材料							

标称电容量为 0.47 μF，允许偏差为 ±10%。通常根据需要仅列出电容器型号的主要部分，如 CC103 表示电容量为 10 000 pF 的瓷片电容器；CD25 μF50 V 表示电容量为 25 μF，耐压值为 50 V 的铝电解电容器。

示例如下：

（1）铝电解电容器

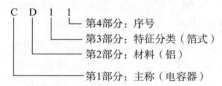

（2）圆片形瓷介电容器

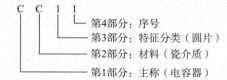

3. 电容器的标示方法

（1）直标法

电容容量单位：F（法拉）、μF（微法）、nF（纳法）、pF（皮法或微微法）。

1 法拉 $= 10^6$ 微法 $= 10^{12}$ 皮法，1 微法 $= 10^3$ 纳法 $= 10^6$ 皮法，1 纳法 $= 10^3$ 皮法。

例如，4n7——表示 4.7 nF 或 4 700 pF，0.22——表示 0.22 μF，51——表示 51 pF。

有时用大于 1 的两位以上的数字表示单位为 pF 的电容，如 101 表示 100 pF；用小于 1 的数字表示单位为 μF 的电容，如 0.1 表示 0.1 μF。

（2）数码表示法

一般用三位数字来表示容量的大小，单位为 pF。前两位为有效数字，后一位表示倍率。即乘以 10^n，n 为第三位数字，若第三位数字 9，则乘 10^{-1}。如 223J 代表 22×10^3 pF = 0.22 μF，允许误差为 ±5%。又如 479 K 代表 47×10^{-1} pF，允许误差为 ±5% 的电容，这种表示方法最为常见。

（3）色环表示法

这种表示法与电阻器的色环表示法类似，颜色涂于电容器的一端或从顶端向引线排列。色环一般只有三种颜色，前两环为有效数字，第三环为位率，单位为 pF。有时色环较宽，如红红橙，两个红色环涂成一个宽的，表示 22 000 pF。

4. 电容器的耐压值

电容器长期可靠工作，所能承受的最大电流电压，就是电容的耐压，当应用在交流电路中，要注意所加的交流电压最大值能超过电容的直流工作电压。常用固定式电容的直流工作电压系列为：6.3 V、10 V、16 V、25 V、40 V、63 V、100 V、160 V、250 V、400 V。

5. 电容器极性判别

新的电解电容器，外壳标有"－"号的一脚为负极，另一脚则为正极；2 个脚，脚长的是正极，脚短的是负极。

5.3 电感器

电感器是一种能够把电能转化为磁能而存储起来的元件。电感器的结构类似于变压器，但只有一个绕组。电感器具有一定的电感，它只阻碍电流的变化。如果电感器在没有电流通过的状态下，电路接通时它将试图阻碍电流流过它，如果电感器在有电流通过的状态下，电路断开时它将试图维持电流不变。电感器又称扼流器、电抗器、动态电抗器。

1. 电感器的主要技术指标

（1）电感量：在没有非线性导磁物质存在的条件下，一个载流线圈的磁通量与线圈中的电流成正比，其比例常数称为自感系数，用 L 表示，简称为电感。即

$$L = \frac{\Phi}{I}$$

式中　L——电感，单位为 H（亨）、mH（毫亨）和 μH（微亨）；

　　　Φ——磁通量；

　　　I——电流强度。

（2）品质因数：品质因数 Q 是表示线圈质量的一个量。它等于线圈在某一交流电压频率下工作时，线圈所呈现的感抗和线圈直流电阻的比值，用公式表示为

$$Q = \frac{2\pi f L}{R} = \frac{\omega L}{R}$$

式中　ω——工作角频率；

　　　L——线圈电感量；

　　　R——线圈的总损耗电阻。

（3）分布电容：线圈的匝和匝之间存在着电容，线圈与地、线圈与屏蔽之间，以及线圈的层和层之间都存在着电容。这些电容统称为线圈的分布电容，它和线圈一起可以等效为一个由 L、R 和 C 组成的并联谐振电路，其谐振频率为

$$f_0 = \frac{1}{2\pi \sqrt{LC}}$$

式中　f_0——固有频率。

为了保证线圈的稳定性，使用电感线圈时，应使其工作频率远低于线圈的固有频率。分布电容的存在，不仅降低了线圈的稳定性，同时也降低了线圈的品质因数，因此一般总希望线圈的分布电容尽可能小些。

2. 电感器的分类

在无线电元器件中电感器分为两大类：一种是应用自感原理的线圈，另一种是应用互感原理的变压器或互感器。电感线圈可以用来组成 LC 滤波器、谐振回路、均衡电路和去耦电路等。变压器主要用来变换电压或阻抗，包括电源变压器、低频输入变压器、低频输出变压器、中频变压器、宽频带变压器、脉冲变压器等。

（1）固定电感器

用导线绕在骨架上，就构成了线圈。线圈有空心线圈和带磁芯的线圈，绕组形式有单层和多层之分，单层绕组有间绕和密绕两种形式，多层绕组有分层平绕、乱绕、蜂房式绕等形式。

（2）可调电感线圈

可调电感器有半导体收音机用振荡线圈，电视机用行振荡线圈、行线性线圈、中频陷波线圈、音响用频率补偿线圈、阻波线圈等。

（3）变压器

利用两个电感线圈的互感作用，把一次绕组上的电能传递到二次绕组上去，利用这个原理所制作的具有交联、变压作用的器件叫作变压器。变压器由初级线圈、次级线圈和铁芯组成，变压器能够升降交流电压。如果初级线圈比次级线圈的圈数多是降压变压器，如果次级线圈比初级线圈的圈数多，是升压变压器。当不考虑损耗的情况下，初级电压 U_1 和次级电压 U_2 的比等于初级线圈 N_1 和次级线圈 N_2 的比，也就是：$U_1/U_2 = N_1/N_2$。变压器的分类是根据变压器用在不同的交流电频率范围而分为低频、中频、高频。低频变压器都有铁芯，中频和高频变压器一般是空气芯或用特制的铁粉芯。

低频变压器：低频变压器可分为音频变压器和电源变压器，音频变压器在放大电路中的主要作用是耦合、倒相、阻抗匹配等。要求音频变压器的频率特性好，分布电容和漏感小。音频变压器有输入输出之分，输入变压器是接在放大器输入端的音频变压器，它的初级一般接在话筒，次级接放大器的第一级。不过晶体管放大器的低放与功放之间的耦合变压器习惯上也称为输入变压器。输出变压器是接在放大器输出端的变压器，它的初级接在放大器的输出端，次级接负载（喇叭）。它的主要作用是把喇叭的较低阻抗，通过输出变压器变成放大器所需的最佳负载阻抗，使放大器具有最大不失真输出。

电源变压器一般是将 220 V 的交流电变换为所需的低压交流电，以便整流、滤波、稳压而得到直流电，作电路的供电电源用。

中频变压器：俗称中周，是超外差收音机和电视机的中频放大器中的重要元件。它对收音机的灵敏度、选择性，电视机的图像清晰度等整机技术指标都有很大影响。中频变压器一般和电容（外加或内带）组成谐振回路。

高频变压器：收音机里所用的振荡线圈、高频放大器的负载回路和天线线圈都是高频变压器。因为这些线圈用在高频电路中，所以电感量很小。

5.4　晶体二极管

晶体二极管简称二极管，主要由管芯、管壳和两个电极构成。管芯就是一个 PN 结，在 PN 结的两端各引出一个引线，并用塑料、玻璃或金属材料作为封装外壳，就构成了晶体二极管，如图 5.5 所示。P 区引出的电极称为正极或阳极，N 区引出的电极称为负极或阴极。

图 5.5　二极管的结构及符号

（a）结构；（b）符号

1. 二极管的伏安特性

二极管的特性简单地说就是单向导电性，即正向导通、反向截止。二极管的伏安特性是指加在二极管两端电压和流过二极管的电流之间的关系，用于定性描述这两者关系的曲线称为伏安特性曲线，如图 5.6 所示。

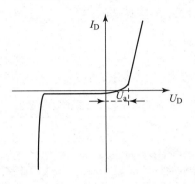

图 5.6　二极管的伏安特性曲线

（1）外加正向电压较小时，二极管呈现的电阻较大，正向电流几乎为零，只有当二极管两端加上超过 U_a 的正向电压时，流过二极管的电流才迅速增大。U_a 称为二极管的导通电压，又称门坎电压或阈值电压。一般硅管的导通电压为 $0.5 \sim 0.7$ V，锗管的导通电压为 $0.1 \sim 0.3$ V。

（2）二极管承受反向电压时，此时仅有很小的反向电流。当反向电压增大到一定数值时，反向电流急剧加大，则二极管会被反向击穿。二极管被击穿后电流过大将使管子损坏，因此除稳压管外，二极管的反向电压不能超过击穿电压。

2. 二极管的分类

（1）整流二极管：利用二极管的单向导电性，将方向交替变化的交流电变换成单一方向脉动的直流电。一般整流管用于低频电路中，高频场合一般用快恢复及肖特基管。

（2）稳压二极管：是利用二极管反向击穿时，其两端电压固定在某一数值，而基本上不随电流大小变化的特性来进行工作的，是工作在击穿电压区的特殊二极管。在电路上应用时一定要串联限流电阻，不能让二极管击穿后电流无限增大，否则二极管将立即被烧毁。用于浪涌保护电路、过压保护电路、电弧抑制电路、串联型稳压电路，广泛应用于各种电子产品中。

（3）开关二极管：小功率开关二极管主要使用于电视机、收录机及其他电子设备的开关电路、检波电路等。大功率开关二极管主要用于各类大功率电源作续流、高频整流、桥式整流及其他开关电路。在电路中起到控制电流通过或关断的作用，成为一个理想的电子开关。

（4）发光二极管：用于电视机等产品作电源指示灯等指示作用。根据制造的材料和工艺不同，发光颜色有红色、绿色、黄色等。发光二极管具有工作电压低、电流很小、可靠性高、使用寿命长等特点。

（5）检波二极管：是利用其单向导电性将高频或中频无线电信号中的低频信号或音频信号取出来，广泛应用于半导体收音机、收录机、电视机及通信等设备的小信号电路中。其结电容低，具有工作频率高、处理信号幅度较弱、反向电流小等特点。

（6）光敏二极管：一般用于光控开关电路、光耦及路灯开关中。当无光照时，有很小的饱和反向漏电流，即暗电流，此时光敏二极管截止。当受到光照时，饱和反向漏电流大大增加，形成光电流，它随入射光强度的变化而变化。

（7）变容二极管：是一种利用 PN 结电容与其反向偏置电压的依赖关系及原理制成的二极管。它的特点是结电容随加到管子上的反向电压大小而变化。反偏电压越大，则结电容越小。利用变容二极管的这种特性，使之用于自动频率控制、调谐回路、振荡电路、锁相环路，常用于电视机高频头的频道转换和调谐电路。

3. 晶体二极管的识别

我国晶体二极管的型号一般由五个部分组成，其型号命名见表5.5。

表5.5　晶体二极管的型号命名

第一部分		第二部分		第三部分		第四部分	第五部分
用数字表示器件电极的数目		用汉语拼音字母表示器件的材料和极性		用汉语拼音字母表示器件的类型		用数字表示序号	汉语拼音字母表示规格号
符号	意义	符号	意义	符号	意义		
2	二极管	A	N型锗材料	P	普通管		
		B	P型锗材料	W	稳压管		
		C	N型硅材料	Z	整流管		
		D	P型硅材料	K	开关管		

示例如下所示：

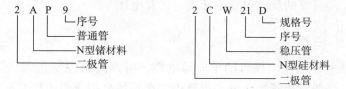

5.5　晶体三极管

1. 晶体三极管的结构

晶体三极管是一种电流控制电流的半导体器件，其作用是把微弱信号放大成幅值较大的电信号，也用作无触点开关。晶体三极管，是半导体基本元器件之一，具有电流放大作用，是电子电路的核心元件。它是由两个做在一起的 PN 结加上相应的引出电极线及封装组成。其结构及符号如图5.7所示。

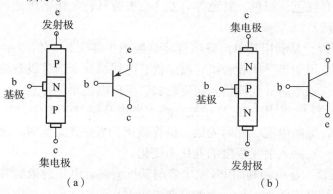

图5.7　三极管的结构及符号
（a）PNP；（b）NPN

由图 5.7 可见，两种类型的三极管都有三个区、两个 PN 结和三个电极。三个区分别为发射区、基区和集电区，由基区和发射区形成的 PN 结叫发射结，由基区和集电区形成的 PN 结叫集电结，从三个区引出来的电极分别叫发射极、基极和集电极。

2. 晶体三极管的识别

要认识三极管首先要了解晶体三极管的命名方法，各国对晶体管的命名方法的规定不同，我国晶体三极管的型号一般由五个部分组成，其型号命名见表 5.6。

表 5.6 晶体三极管型号命名

第一部分		第二部分		第三部分		第四部分	第五部分
用数字表示器件电极的数目		用汉语拼音字母表示器件的材料和极性		用汉语拼音字母表示器件的类型		用数字表示序号	汉语拼音字母表示规格号
符号	意义	符号	意义	符号	意义		
3	三极管	A	PNP 型锗材料	X	低频小功率		
		B	NPN 型锗材料	G	高频小功率		
		C	PNP 型硅材料	D	低频大功率		
		D	NPN 型硅材料	A	高频大功率		
		E	化合物材料				

示例如下所示：

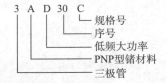

3. 晶体三极管的分类

晶体三极管的分类很多，按结构可分为点接触型和面接触型；按生产工艺分为合金型、扩散型和平面型等。但是常用的分类是从应用角度，依工作频率分为低频三极管、高频三极管和开关三极管；依工作功率分为小功率三极管、中功率三极管和大功率三极管；按其导电类型可分为 PNP 型和 NPN 型；按其构成材料可分为锗管和硅管。部分三极管外形如图 5.8 所示。

4. 晶体三极管管脚的判别

（1）基极 b 的判别：将万用表置于电阻 $R \times 1$ kΩ 挡，用万用表的黑表笔接晶体管的某一管脚（假设它是基极），用红表笔分别接另外的两个电极。如果表针指示的两个阻值都很小，那么黑表笔所接的那一个脚便是 NPN 型管的基极；如果表针指示的两个阻值都很大，那么黑表笔所接的那一个脚便是 PNP 型管的基极。如果表针指示的阻值一个很大，一个很小，那么黑表笔所接的管脚肯定不是三极管的基极，要换另一个管脚再检测。

（2）发射极 e 和集电极 c 的判别：对于 PNP 型三极管，用万用表的红表笔接基极 b，黑

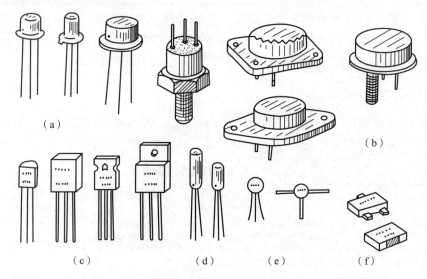

图 5.8　部分三极管外形图

（a）金属壳三极管；（b）大功率三极管；（c）塑料三极管；（d）玻壳三极管；（e）微型三极管；（f）片状三极管

表笔分别接另外两个管脚，所测得的两次电阻中，阻值小的那一次，黑表笔所接的管脚为集电极 c，另一脚则为发射极 e。

　　对于 NPN 型三极管，找出基极后，用手捏住基极和其他两极的任一极管脚，然后用万用表测量除基极外的两脚，正反测两次，电阻小的那一次，红表笔接的为发射极 e，另一极则为集电极 c。

5.6　单向晶闸管

1. 单向晶闸管的结构

　　晶体闸流管简称晶闸管，也称为可控硅整流元件，是由三个 PN 结构成的 PNPN 四层半导体结构，它有三个极：阳极、阴极和门极（即控制极）。其外形、结构及符号如图 5.9 所

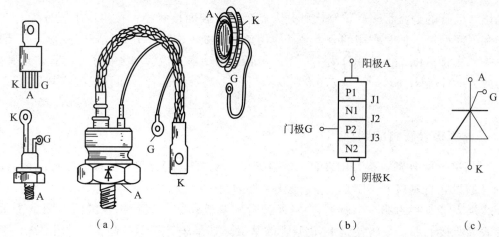

图 5.9　单向晶闸管外形、结构和符号图

（a）外形；（b）结构；（c）符号

示。它是一种大功率半导体器件。在性能上，晶闸管不仅具有单向导电性，而且还具有比硅整流元件更为可贵的可控性，它只有导通和关断两种状态。能在高电压、大电流条件下工作，且其工作过程可以控制、被广泛应用于可控整流、交流调压、无触点电子开关、逆变及变频等电子电路中。

2. 单向晶闸管的工作原理

晶闸管是 PNPN 四层三端器件，共有三个 PN 结。分析原理时，可以把它看作是由一个 PNP 管和一个 NPN 管所组成，其等效图解如图 5.10（a）所示。晶闸管的三个电极是从 P1 引出阳极 A，从 N2 引出阴极 K，从 P2 引出控制极 G，因此可以说它是一个四层三端半导体器件。

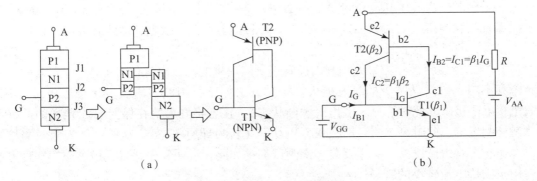

图 5.10　晶闸管的工作原理图
（a）工作原理；（b）正向导通

如图 5.10（b）所示，当晶闸管加上正向电压且控制极也加上正向电压后，两个等效三极管的各个 PN 结的偏置均符合放大条件。这时，在控制极正向电压 V_{GG} 的作用下，T1 管的基极 b1，发射极 e1 回路就有控制电流 I_G 流过，形成 T1 管的基极电流，经 T1 管放大，其集电极电流便增大为 $I_{c1} = \beta_1 I_G$（β_1 为 T1 管的电流放大系数）。I_{c1} 又是 T2 管的基极电流 I_{b2}，再经 T2 管放大，则 T2 管的集电极电流为 $I_{c2} = \beta_1 \beta_2 I_G$（$\beta_2$ 为 T2 管的电流放大系数）。这个经过 T1、T2 管放大了的电流又流入 T1 管的基极 b1，再一次得到放大。如此循环，形成了强烈的正反馈，使 T1、T2 的集电极电流迅速增大，并进入饱和导通状态，因此很快（6～10 μs）就能使晶闸管完全导通。

晶闸管导通后，若将外电路负载电阻 R_L 逐渐增加而使晶闸管的阳极电流 I_A 降低到小于某一数值 I_H 时，就不能维持正反馈过程，晶闸管就会关断，而呈正向阻断状态。因此，I_H 是维持晶闸管导通的最小阳极电流，称为晶闸管的维持电流，若将已导通的晶闸管的外加电压降到零（或切断电源），则阳极电流 I_A 降到零，晶闸管也即自行关断，而呈阻断状态。

综上所述，可得出如下结论：

（1）晶闸管导通的条件是，除了在阳极加上正向电压外，同时还需短时间地在控制极施加正向电压，即触发脉冲电压。晶闸管维持导通的条件是，$I_A \geqslant I_H$。晶闸管一经导通后，控制极就失去控制作用。

（2）要使处于导通状态的晶闸管关断，必须将阳极正向电压降低，使 $I_A < I_H$，或在阳极上加反向电压。晶闸管关断后，其控制极又重新恢复控制作用。

（3）晶闸管正、反向都能够阻断，相当于一个可以控制的单方向导通开关。与二极管相比较，它具有可控性、能正向阻断；与三极管相比较，它的控制作用表现为"闸流"的特点"一触即发"，阳极电流不随控制电流成正比例地增大或减小。我们就是利用这个特点，实现可控整流以及用作无触点开关的。

值得指出的是，上面分析时对晶闸管所加各种电压均在额定电压范围内，如果所加正向电压过高，达到某一数值时，控制极虽未加触发电压，晶闸管也会导通，这就造成"误动作"。如果晶闸管两端加的反向电压过高，达到某一数值时，管子会反向击穿，造成永久性破坏。因此应防止以上情况的出现，使晶闸管正常地工作。

3. 数字万用表判别单向晶闸管

（1）判别电极：用红表笔固定接触任一电极不变，黑表笔分别接触其余两个电极，如果接触一个极时一次显示 0.2 ~ 0.8 V，接触另一个电极时显示溢出，则红表笔所接的为 G，显示溢出时黑表笔所接的为 A，另一极为 K。若测得不是上述结果，需将红表笔改换电极重复以上步骤，直至得到正确结果。

（2）判别触发特性：数字万用表二极管挡所能提供的测试电流仅有 1 mA 左右，故只能用于考察小功率单向晶闸管的触发能力。操作方法如下：用红表笔固定接触阳极 A 不变，黑表笔接触阴极 K，此时应显示溢出（关断状态）。接着将红表笔在保持与 A 接通的前提下去碰触控制极 G，此时显示值一般在 0.8 V 以下（转为导通状态）。随即将红表笔脱离控制极，导通状态将继续维持。如果反复多次测试都是如此，说明管子触发灵敏可靠。这种方法只适用于维持电流较小的管子。

5.7 单结晶体管

1. 单结晶体管的结构

单结晶体管（简称 UJT）又称双基极二极管，它是一种只有一个 PN 结和两个电阻接触电极的半导体器件，它的基片为条状的高阻 N 型硅片，两端分别用欧姆接触引出两个基极 b1 和 b2。在硅片中间略偏 b2 一侧用合金法制作一个 P 区作为发射极 e。两个基极之间的电阻为 R_{bb}，一般在 2 ~ 15 kW，R_{bb} 一般可分为两段，$R_{bb} = R_{b1} + R_{b2}$，R_{b1} 是第一基极 b1 至 PN 结的电阻；R_{b2} 是第二基极 b2 至 PN 结的电阻。其结构、符号和等效电路如图 5.11 所示。

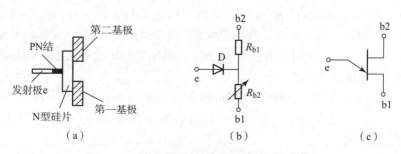

图 5.11 单结晶体管的结构、符号和等效电管

（a）结构示意图；（b）等效电路；（c）符号

2. 单结晶体管的型号命名法

单结晶体管型号命名由四部分组成，如图 5.12 所示，第一部分表示制作材料，用字母"B"表示半导体，即"半"字第一个汉语拼音字母；第二部分表示种类，用字母"T"表示特种管，即"特"字第一个汉语拼音字母；第三部分表示电极数目，用数字"3"表示有三个电极；第四部分表示单结晶体管的耗散功率，通常只标出第一位有效数字，耗散功率的单位为毫瓦。国产单结晶体管常见的型号有 BT31、BT32、BT33、BT35 等。

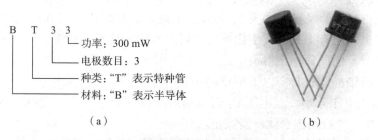

（a）   （b）

图 5.12　单结晶体管的命名及外形图

（a）命名；（b）外形

3. 单结晶体管的工作原理

将单结晶体管按图 5.13 接于电路之中观察其特性。首先在两个基极之间加电压 U_{bb}，再在发射极 e 和第一基极 b1 之间加上电压 U_e，U_e 可以用电位器 R_P 进行调节。这样该电路可以改画成图 5.13（b）形式，单结晶体管可以用一个 PN 结和二个电阻 R_{b1}、R_{b2} 组成的等效电路替代。

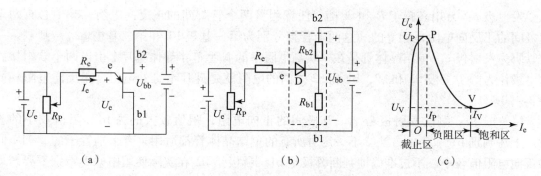

（a）   （b）   （c）

图 5.13　单结晶体管的工作原理电路

（a）、（b）测试电路；（c）伏安特性曲线

当基极间加电压 U_{bb} 时，R_{b1} 上分得的电压为

$$U_{b1} = \frac{U_{bb}}{R_{b1} + R_{b2}} \times R_{b1} = \frac{R_{b1}}{R_{bb}} \times U_{bb} = \eta U_{bb}$$

式中　η——称为分压比，其值一般在 0.3 ~ 0.85。

当 $U_e = \eta U_{bb} + U_D$ 时，单结晶体管内在 PN 结导通，发射极电流 I_e 突然增大。把这个突变点称为峰点 P。对应的电压 U_e 和电流 I_e 分别称为峰点电压 U_P 和峰点电流 I_P，I_P 代表了使

单结晶体管导通所需的最小电流。显然峰点电压

$$U_{\mathrm{P}} = \eta U_{\mathrm{bb}} + U_{\mathrm{D}}$$

式中，U_{D} 为单结晶体管中 PN 结的正向压降，一般取 $U_{\mathrm{D}} = 0.7 \text{ V}$。

在单结晶体管中 PN 结导通之后，从发射区（P 区）向基压（N 区）发射了大量的空穴型载流子，I_{e} 增长很快，e 和 b1 之间变成低阻导通状态，R_{b1} 迅速减小，而 e 和 b1 之间的电压 U_{e} 也随着下降。这一段特性曲线的动态电阻 $\Delta U_{\mathrm{e}} / \Delta I_{\mathrm{e}}$ 为负值，因此称为负阻区。而 b2 的电位高于 e 的电位，空穴型载流子不会向 b2 运动，电阻 R_{b2} 基本上不变。

当发射极电流 I_{e} 增大到某一数值时，电压 U_{e} 下降到最低点。特性曲线上的这一点称为谷点 V。与此点相对应的是谷点电压 U_{V} 和谷点电流 I_{V}。此后，当调节 R_{P} 使发射极电流继续增大时，发射极电压略有上升，但变化不大。谷点右边的这部分特性称为饱和区。谷点电压是维持单结晶体管导通的最小发射极电压。

综上所述，单结晶体管具有以下特点：

（1）当发射极电压等于峰点电压 U_{P} 时，单结晶体管导通。导通之后，当发射极电压小于谷点电压 U_{V} 时，单结晶体管就恢复截止。

（2）单结晶体管的峰点电压 U_{P} 与外加固定电压 U_{bb} 及其分压比 η 有关。而分压比 $\eta = R_{\mathrm{b1}} / (R_{\mathrm{b1}} + R_{\mathrm{b2}})$ 是由管子结构决定的，可以看作常数。

对于分压比 η 不同的管子，或者外加电压 U_{bb} 的数值不同时，峰值电压 U_{P} 也就不同。

（3）不同单结晶体管的谷点电压 U_{V} 和谷点电流 I_{V} 都不一样，谷点电压在 $2 \sim 5 \text{ V}$。在触发电路中，常选用 η 稍大一些、U_{V} 低一些和 I_{V} 大一些的单结晶体管，以增大输出脉冲幅度和移相范围。

4. 单结晶体管管脚判别

发射极 e：万用表置于 $R \times 1 \text{ k}$ 挡，任意测量两个管脚间的正反向电阻，其中必有两个电极间的正反向电阻是相等的（这两个管脚分别为第一基极 b1 和第二基极 b2）。则剩余一个管脚为发射极 e。单结晶体管是在一块高电阻率的 N 型硅半导体基片上引出两个欧姆接触的电极作为两个基极 b1 和 b2，b1 和 b2 之间的电阻就是硅片本身的电阻，正反向电阻相同为 $3 \sim 10 \text{ k}\Omega$。

b1、b2 极：测量发射极与某一基极间的正向电阻，阻值较大的为 b1，阻值较小的为 b2。上述判别 b1、b2 的方法，不一定对所有的单结晶体管都适用，有个别管子的 e – b1 间的正向电阻值较小。不过准确地判断哪极是 b1，哪极是 b2 在实际使用中并不特别重要。即使 b1、b2 用颠倒了，也不会使管子损坏，只影响输出脉冲的幅度（单结晶体管多作脉冲发生器使用），当发现输出的脉冲幅度偏小时，只要将原来假定的 b1、b2 对调过来就可以了。

5.8 数码管

数码管是一种半导体发光器件，其基本单元是发光二极管。数码管按段数可分为七段数码管和八段数码管，图 5.14（a）所示为八段数码管引脚图。八段数码管比七段数码管多一个发光二极管单元（多一个小数点显示）；按能显示多少个"8"可分为 1 位、2 位、3 位、4 位、5 位、6 位、7 位等数码管。

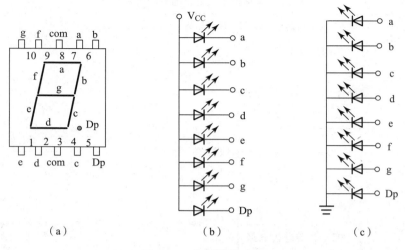

图 5.14　数码管的结构

（a）外形和引脚；（b）共阳极结构；（c）共阴极结构

　　按发光二极管单元连接方式可分为共阳极数码管和共阴极数码管。共阳极数码管是指将所有发光二极管的阳极接到一起形成公共阳极（COM）的数码管，如图 5.14（b）所示，共阳极数码管在应用时应将公共极 COM 接到 +5 V，当某一字段发光二极管的阴极为低电平时，相应字段就点亮，当某一字段的阴极为高电平时，相应字段就不亮。共阴极数码管是指将所有发光二极管的阴极接到一起形成公共阴极（COM）的数码管，如图 5.14（c）所示，共阴极数码管在应用时应将公共极 COM 接到地线 GND 上，当某一字段发光二极管的阳极为高电平时，相应字段就点亮；当某一字段的阳极为低电平时，相应字段就不亮。

5.9　集成电路

　　集成电路是一种微型电子器件或部件。采用一定的工艺，把一个电路中所需的晶体管、电阻、电容和电感等元件及布线互连一起，制作在一小块或几小块半导体晶片或介质基片上，然后封装在一个管壳内，成为具有所需电路功能的微型结构，其中所有元件在结构上已组成一个整体，使电子元件向着微小型化、低功耗、智能化和高可靠性方面迈进了一大步。它在电路中用字母"IC"表示。例如，像三极管大小的集成电路芯片可以容纳几百个元件和连线，并具备了一个完整的电路功能，由此可见它的优越性比三极管还要大。

1. 分类及命名

　　集成电路的类型很多，按工作性能不同，它们主要分为：数字集成电路和模拟集成电路。模拟集成电路又称线性电路，用来产生、放大和处理各种模拟信号，其输入信号和输出信号成比例关系。而数字集成电路用来产生、放大和处理各种数字信号。

　　半导体集成电路的型号由 5 部分组成，其型号命名方法见表 5.7。

表 5.7 半导体集成电路的型号命名方法

第0部分		第一部分		第二部分	第三部分		第四部分	
用字母表示器件符合国家标准		用字母表示器件的类型			用字母表示器件的工作温度范围		用字母表示器件的封装	
符号	意义	符号	意义		符号	意义	符号	意义
C	中国制造	T	TTL	用阿拉伯数字表示器件的系列和品种代号	C	0℃~70℃	W	陶瓷扁平
		H	HTL		E	−40℃~85℃	B	塑料扁平
		E	ECL		R	−55℃~85℃	F	前封门闭扁平
		C	CMOS		M ……	−55℃~125℃ ……	D	陶瓷直插
		F	线性放大器				P	塑料直插
		D	音响电视电路				J	黑陶瓷直插
		W	稳压器				K	金属菱形
		J	接口电路				T	金属圆形

例：

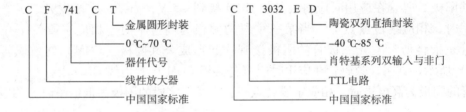

2. 外形结构和引脚排列

集成电路的外形结构有一定的规定，它的电路引出脚的排列次序也有一定的规律，正确认识它们的外形和引脚排序，是装配集成电路的一个基本功，图 5.15 所示为集成 74LS00 的外形和管脚图。

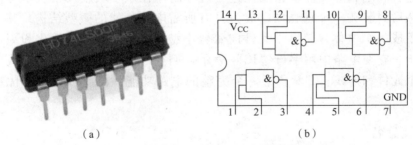

图 5.15 集成 74LS00 的外形和管脚图
（a）外形；（b）管脚

集成电路的品种、规格繁多，但就其管脚的排列情况常见的有以下几种形式：单列直插式、双列直插式、扁平封装和金属圆壳封装等。如图 5.16 所示，为了便于识别集成电路的管脚排列顺序，各种集成电路一般都标有一定的标记，现将常见的几种管脚顺序识别方法描述如下。

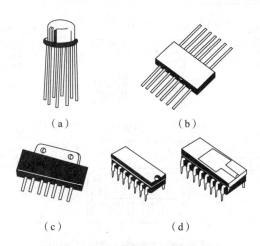

图 5.16　集成电路的各种管脚排列

（a）金属壳圆形；（b）扁平型；（c）单列直插式；（d）双列直插式

（1）金属壳封装集成电路管脚识别。识别时首先找出集成电路的定位标记，定位标记一般为管键、色点和定位孔等。如图 5.17 所示，它的管脚排列顺序为：从管顶往下看，自管键开始沿逆时针方向依次是第 1、2、3……

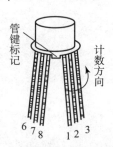

图 5.17　金属壳封装集成电路管脚

（2）弧形缺口标记。这种标记多用在双列直插式集成电路中。弧形缺口位于集成电路的一端，如图 5.18 所示，管脚排列顺序的识别方法是，正视集成块外壳上所标的型号，弧形缺口下方左起第 1 脚即为该集成电路的第 1 个管脚，然后按逆时针方向数，依次为第 2、3、4……

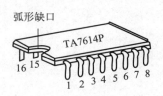

图 5.18　弧形缺口管脚识别图

（3）圆形凹坑、小圆圈、斜切角、色点标记。单列直插式集成电路多采用这种识别标记，而双列直插式常采用圆形凹坑和小圆圈，如图 5.19 所示。这种集成电路的管脚识别标记和型号都标在外壳的同一平面上。它的管脚排列顺序是，正视集成块的型号，圆形凹坑对下去的那一脚为集成电路的第 1 脚，若是单列直插式，从第 1 脚开始其后依次是第 2、3……脚；若是双列直插式，从第 1 脚开始按逆时针方向，依次是第 2、3、4……

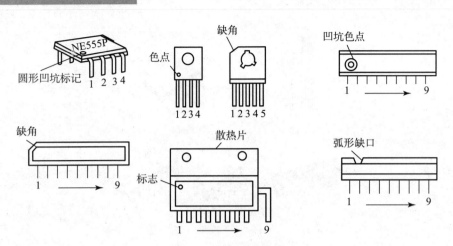

图 5.19 不同标记管脚识别图

除以上几种之外，不少集成电路同时使用两种标记，如 HD74LS00，既使用弧形缺口标记，又使用小圆圈标记。但两种标记对集成电路管脚排列的识别是一样的。

第6章　电子工艺实训项目

6.1　电子秒表的制作

1. 设计目的

（1）了解计时器主体电路的组成及工作原理。

（2）熟悉集成电路及有关电子元器件的使用。

（3）学习数字电路中基本 RS 触发器、时钟发生器及计数、译码显示等单元电路的综合应用。

2. 实验原理

图6.1所示为电子秒表的电原理图。按功能分成四个单元电路进行分析。

（1）基本 RS 触发器。

图6.1中单元 I 为用集成与非门构成的基本 RS 触发器。属低电平直接触发的触发器，有直接置位、复位的功能。它的一路输出 Q 作为单稳态触发器的输入，另一路输出 $\overline{Q}$ 作为与非门⑤的输入控制信号。按动按钮开关 K2（接地），则门①输出 $\overline{Q}=1$；门②输出 $Q=0$，K2 复位后 Q、$\overline{Q}$ 状态保持不变。再按动按钮开关 K1；则 Q 由 0 变为 1，门⑤开启，为计数器启动做准备。$\overline{Q}$ 由 1 变 0，启动单稳态触发器工作。基本 RS 触发器在电子秒表中的职能是启动和停止秒表的工作。

（2）单稳态触发器。

图6.1中单元 II 为用集成与非门构成的微分型单稳态触发器，图6.2所示为各点波形图。单稳态触发器的输入触发脉冲信号 V_1 由基本 RS 触发器 $\overline{Q}$ 端提供，输出负脉冲 V_0 通过非门加到计数器的清除端 R。静态时，门④应处于截止状态，故电阻 R 必须小于关门电阻 R_{OFF}。定时元件 RC 取值不同，输出脉冲宽度也不同。当触发脉冲宽度小于输出脉冲宽度时，可以省去输入微分电路的 R_P 和 C_P。单稳态触发器在电子秒表中的职能是为计数器提供清零信号。

（3）时钟发生器。

图6.1中单元 III 为用555定时器构成的多谐振荡器，是一种性能较好的时钟源。调节电位器 RW，使在输出端 3 获得频率为 50 Hz 的矩形波信号，当基本 RS 触发器 $Q=1$ 时，门⑤开启，此时 50 Hz 脉冲信号通过门⑤作为计数脉冲加于计数器（1）的计数输入端 CP_2。

（4）计数及译码显示。

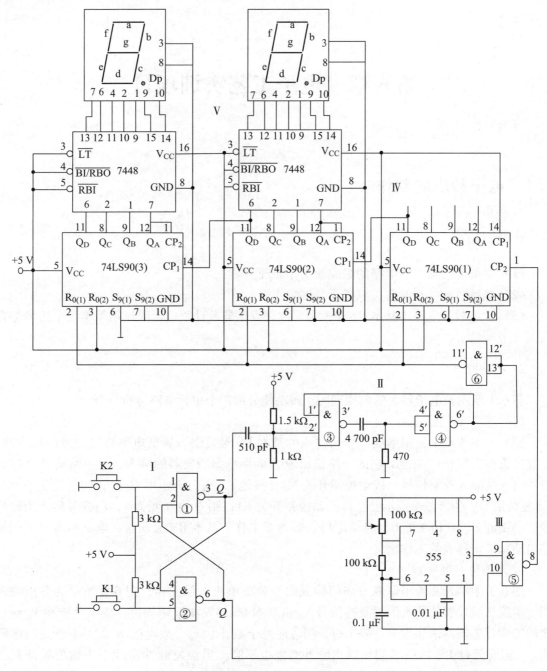

图 6.1　电子秒表原理图

　　二一五一十进制加法计数器 74LS90 构成电子秒表的计数单元，如图 6.1 中单元 Ⅳ 所示。其中计数器（1）接成五进制形式，对频率为 50 Hz 的时钟脉冲进行五分频，在输出端 Q_D 取得周期为 0.1 s 的矩形波脉冲，作为计数器（2）的时钟输入。计数器（2）及计数器（3）接成 8421 码十进制形式，其输出端与实验装置上译码显示单元的相应输入端连接，可显示 0.1～0.9 s、1～9.9 s 计时。

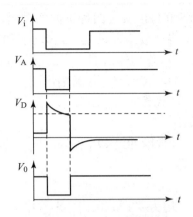

图 6.2　单稳态触发器波形图

3. 计数器 74LS90 简介

集成异步计数器 74LS90 是异步二—五—十进制加法计数器，它既可以作二进制加法计数器，又可以作五进制和十进制加法计数器。图 6.3 所示为 74LS90 引脚排列，表 6.1 所示为 74LS90 功能表。

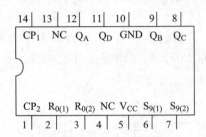

图 6.3　74LS90 引脚排列图

表 6.1　74LS90 功能表

输入						输出				功能
清 0		置 9		时钟						
$R_{0(1)}$、$R_{0(2)}$		$S_{9(1)}$、$S_{9(2)}$		CP1	CP2	Q_D	Q_C	Q_B	Q_A	
1	1	0	×	×	×	0	0	0	0	清 0
		×	0							
0	×	1	1	×	×	1	0	0	1	置 9
×	0									
0	×	0	×	↓	1	Q_A 输出				二进制计数
×	0	×	0	1	↓	Q_D Q_C Q_B 输出				五进制计数
				↓	Q_A	Q_D Q_C Q_B Q_A 输出 8421BCD 码				十进制计数
				Q_D	↓	Q_D Q_C Q_B Q_A 输出 5421BCD 码				十进制计数
				1	1	不变				保持

通过不同的连接方式，74LS90 可以实现四种不同的逻辑功能；而且还借助 $R_{0(1)}$、$R_{0(2)}$ 对计数器清零，借助 $S_{9(1)}$、$S_{9(2)}$ 将计数器置9。其具体功能如下：

（1）计数脉冲从 CP_1 输入，Q_A 作为输出端，为二进制计数器。

（2）计数脉冲从 CP_2 输入，Q_D、Q_C、Q_B 作为输出端，为异步五进制加法计数器。

（3）若将 CP_2 和 Q_A 相连，计数脉冲由 CP_1 输入，Q_D、Q_C、Q_B、Q_A 作为输出端，则构成异步 8421 码十进制加法计数器。

（4）若将 CP_1 与 Q_D 相连，计数脉冲由 CP_2 输入，Q_A、Q_D、Q_C、Q_B 作为输出端，则构成异步 5421 码十进制加法计数器。

（5）清零、置9功能。

①异步清零：当 $R_{0(1)}$、$R_{0(2)}$ 均为 "1"；$S_{9(1)}$、$S_{9(2)}$ 中有 "0" 时，实现异步清零功能，即 $Q_D Q_C Q_B Q_A = 0000$。

②置9功能：当 $S_{9(1)}$、$S_{9(2)}$ 均为 "1"；$R_{0(1)}$、$R_{0(2)}$ 中有 "0" 时，实现置9功能，即 $Q_D Q_C Q_B Q_A = 1001$。

4. 七段显示译码器 7448 功能简介

数字显示译码器是驱动显示器的核心部件，它可以将输入代码转换成相应的数字显示代码，并在数码管上显示出来。图 6.4 所示为七段显示译码器 7448 的管脚图，其中 A ~ D 为译码输入端，用来接收四位二进制码，输出 a ~ g 为高电平有效，可直接驱动共阴极数码，三个辅助控制端 $\overline{LT}$、$\overline{RBI}$、$\overline{BI/RBO}$，用以增强器件的功能，扩大器件应用。7448 功能表如表 6.2 所示。

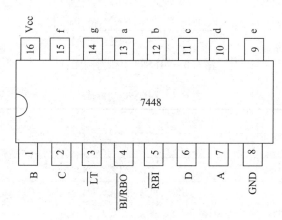

图 6.4　7448 管脚排列图

表 6.2　7448 功能表

十进制数或功能	输入						$\overline{BI/RBO}$	输出						
	$\overline{LT}$	$\overline{RBI}$	D	C	B	A		a	b	c	d	e	f	g
0	1	1	0	0	0	0	1	1	1	1	1	1	1	0
1	1	×	0	0	0	1	1	0	1	1	0	0	0	0
2	1	×	0	0	1	0	1	1	1	0	1	1	0	1
3	1	×	0	0	1	1	1	1	1	1	1	0	0	1

十进制数或功能	输入						$\overline{BI}/\overline{RBO}$	输出						
	$\overline{LT}$	$\overline{RBI}$	D	C	B	A		a	b	c	d	e	f	g
4	1	×	0	1	0	0	1	0	1	1	0	0	1	1
5	1	×	0	1	0	1	1	1	0	1	1	0	1	1
6	1	×	0	1	1	0	1	0	0	1	1	1	1	1
7	1	×	0	1	1	1	1	1	1	1	0	0	0	0
8	1	×	1	0	0	0	1	1	1	1	1	1	1	1
9	1	×	1	0	0	1	1	1	1	1	1	0	1	1
10	1	×	1	0	1	0	1	0	0	0	1	1	0	1
11	1	×	1	0	1	1	1	0	0	1	1	0	0	1
12	1	×	1	1	0	0	1	0	1	0	0	0	0	1
13	1	×	1	1	0	1	1	1	0	0	1	0	1	1
14	1	×	1	1	1	0	1	0	0	0	1	1	1	1
15	1	×	1	1	1	1	1	0	0	0	0	0	0	0
消隐	×	×	×	×	×	×	0	0	0	0	0	0	0	0
动态灭零	1	0	0	0	0	0	0	0	0	0	0	0	0	0
灯测试	0	×	×	×	×	×	1	1	1	1	1	1	1	1

从功能表可以看出，对输入代码0000，译码条件是：灯测试输入和动态灭零输入同时等于1，而对其他输入代码则仅要求 $\overline{LT}=1$，这时候，译码器各段 a~g 输出的电平是由输入代码决定的，并且满足显示字形的要求。

消隐功能，此时 $\overline{BI}/\overline{RBO}$ 端作为输入端，该端输入低电平信号时，表6.2倒数第3行，无论 $\overline{LT}$ 和 $\overline{RBI}$ 输入什么电平信号，不管输入 DCBA 为什么状态，输出全为"0"，7段显示器熄灭。该功能主要用于多显示器的动态显示。

灯测试输入 $\overline{LT}$ 低电平有效。当 $\overline{LT}=0$ 时，无论其他输入端是什么状态，所有输出 a~g 均为1，显示字形8。该输入端常用于检查7448本身及显示器的好坏。

动态灭零输入 $\overline{RBI}$ 低电平有效。当 $\overline{LT}=1$，$\overline{RBI}=0$，且输入代码 DCBA=0000 时，输出 a~g 均为低电平，即与0000码相应的字形0不显示，故称"灭零"。利用 $\overline{LT}=1$ 与 $\overline{RBI}=0$，可以实现某一位数码的"消隐"。

5. 实验设备及器件

+5 V 直流电源，双踪示波器，直流数字电压表，数字频率计，单次脉冲源，连续脉冲源，逻辑电平开关，逻辑电平显示器，译码显示，7 448×2、555×1、74LS90×3，电位器、电阻器、电容器若干。

6. 测试步骤

由于实验电路中使用器件较多，实验前必须合理安排各器件在实验装置上的位置，使电路逻辑清楚，接线较短。在实验时，应按照实验任务的次序，将各单元电路逐个进行接线和调试，即分别测试基本 RS 触发器、单稳态触发器、时钟发生器及计数器的逻辑功能，待各单元电路工作正常后，再将有关电路逐级连接起来进行测试……，直到测试电子秒表整个电路的功能。这样的测试方法有利于检查和排除故障，保证实验顺利进行。

（1）基本 RS 触发器的测试：第一步是按下按钮 K2，测试 $\overline{Q}$ 是否为 1、Q 是否为 0；松开 K2，测试 Q 与 $\overline{Q}$ 是否保持不变。第二步是按下按钮 K1，测试 $\overline{Q}$ 是否为 0、Q 是否为 1。

（2）单稳态触发器的测试。

静态测试：用直流数字电压表测量 A、B、D、F 各点电位值，记录之。

动态测试：输入端接入 1 kHz 连续脉冲源，用示波器观察并描绘输出点（即 555 第 3 管脚）波形，如嫌单稳输出脉冲持续时间太短难以观察，可适当加大微分电容 C（如改为 0.1 μF）待测试完毕，再恢复 4700P。

（3）时钟发生器的测试。

用示波器观察输出电压大小并测量其频率，调节电位器 R_W，使输出矩形波频率为 50 Hz。

（4）计数器的测试。

第 1 步：计数器（1）接成五进制形式，$R_{0(1)}$、$R_{0(2)}$、$S_{9(3)}$ 接逻辑开关输出插口，CP_2 接单次脉冲源，CP_1 接高电平"1"，$Q_D \sim Q_A$ 接实验设备上译码显示输入端口 D、C、B、A，按表 6.1 测试其逻辑功能并记录。

第 2 步：计数器（2）及计数器（3）接成 8421 码十进制形式，同内容（1）进行逻辑功能测试记录之。

第 3 步：将计数器（1）、（2）、（3）级联，进行逻辑功能测试。

（5）电子秒表的整体测试。

各单元电路测试正常后，按图 6.1 把几个单元电路连接起来，进行电子秒表的总体测试。先按一下按钮开关 K2，此时电子秒表不工作，再按一下按钮开关 K1，则计数器表零后便开始计时，观察数码管显示计数情况是否正常，如不需要计时或暂停计时，按一下开关 K2，计时立即停止，但数码管保留所计时之值。最后利用电子钟或手表的秒计时对电子秒表进行校准。

6.2 红外对射防盗报警系统设计与安装

1. 设计目的

（1）了解红外对射防盗报警电路的组成及工作原理。
（2）熟悉电路及有关电子元器件的使用。
（3）学习红外发射、红外接收、语音电路等单元电路的综合应用。

2. 设计思路与原理方框图

主要的系统电路有：电源电路、红外发射/接收电路、发射与接收控制电路、报警输出电路等。语音片采用的是音乐片，用来触发报警系统中的声音。图 6.5 所示为红外线对射报警器系统总电路图。

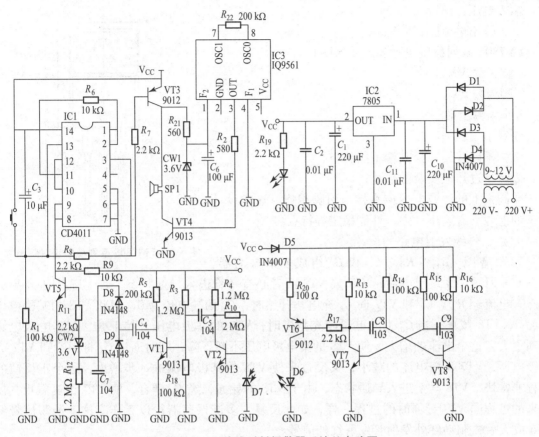

图 6.5　红外线对射报警器系统总电路图

（1）系统外围稳压电源电路的设计与分析。

为了改善波纹特性，在稳压电源的输入端接电容 C_{10}，在其输出端加接电容 C_1、C_2，目的是为了改善负载的瞬态响应、防止自激振荡和减少高频噪声，如图 6.6 所示。电路中加入一个发光二极管是为了对输出的电压进行稳压保护，用于电压小于额定电压或对地短路时的保护。

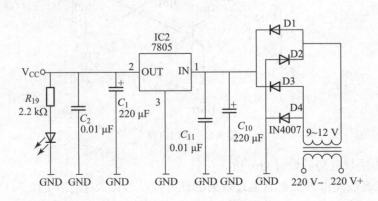

图 6.6　稳压电源电路

三脚稳压块选择：该装置中的稳压块选用 LM7805 集成稳压块。

LM7805 系列集成稳压块主要技术参数：

输入电压: DC 5 ~ 35 V;

最大输出电流: 1.5 A。

LM7805 系列稳压块封装尺寸如图 6.7 所示。

1 脚为输入端;

2 脚为公共端;

3 脚为输出端。

注意事项:

引脚不能接错, 公共端不能悬空;

为防止过热应安装散热片;

印制板上的滤波电容应直接与引脚相连。这样设计

出来的电源具有实用性强、性能稳定等特点。

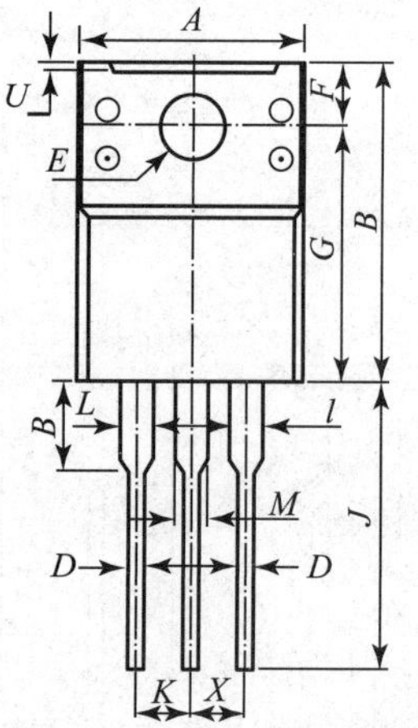

(2) 红外线发射电路的设计。

图 6.7 LM7805 系列稳压块封装尺寸

VT7、VT8、R_{13} ~ R_{16}、C_8 和 C_9 组成多谐振荡器。

如图 6.8 所示, 系统上电后, VT7 或 VT8 两者必有一管进入导通状态, 若 VT7 先进入导通状态, 电流经 R_{14}、C_8 和 VT7 向 C_8 充电, 开始时, C_8 两端电压为 0, 因此 VT8 的基极电压也为 0, VT8 截止; 当 C_8 上的电量越充越多时, VT8 的基极电压开始上升, 其集电极电流不断增大, 这个电流的增大, 使 VT8 的集电极电压不断下降, 同时通过 C_9 将影响到 VT7 的基极电压, VT7 基极电流的减小, 又反过来使 VT8 的基极电流进一步增大, 这个正反馈的过程非常快, VT8 马上进入导通状态, 由于 VT8 的导通, 经 C_9 耦合, 使 VT7 迅速截止, 接下来的过程同 VT7 导通时的过程一样, 如此反复, 多谐振荡器得以工作。这个振荡信号经 VT6 放大后, 驱动红外发射管发射红外信号。

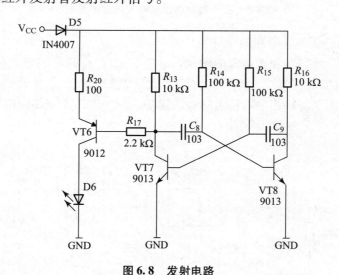

图 6.8 发射电路

(3) 红外线接收电路的设计与分析。

由于该系统是利用红外发射管通过发射的红外线信号接收来工作的, 所以应该配较高性能的红外线接收电路。

如图 6.9 所示, 红外发射电路发送的红外线信号被 D7 接收后, 送入 VT2 基极, 进行放大, 经放大后的红外线信号, 经 C_5 耦合后, 送入 VT1 进行再次放大, 经两极放大后, 接收

到的红外线信号已足够强,经 C_4 耦合后送入由 D8、D9 组成的倍压整流电路进行整流,C_7 滤波后形成一个直流控制电压,这个直流控制电压信号足够强,大于 CW2 的稳压电压,因此 CW2 击穿,电流流经 VT5 的基极,VT5 饱和导通,集电极输出低电平信号;当发射过来的红外线信号被人挡住时,D7 将无法接收到红外线信号,倍压整流电路无信号输出,原充在 C_7 两端的电荷经 R_{12} 进行放电,此时 CW2 阻断,电流极小,VT5 截止,其集电极输出高电平,这个高电平信号送入后续逻辑处理电路,就可以判断为有人进入,从而做出相应的操作。

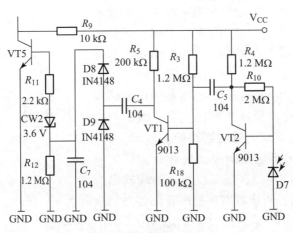

图 6.9 红外接收电路

(4)红外防盗报警系统控制电路的设计。

如图 6.10 所示,上电时,正电源经 R_1 向 C_3 充电,由于 C_3 两端刚上电时电压为 0,因此电源电压全部加在 R_1 上,CD4011 的 13 脚获得一个高电平信号,而在红外线发射与接收器间没有人挡住时,CD4011 的 8、9 脚为低电平信号输入,因此 CD4011 的 12 脚也为高电平。与非门的两个输入口全为高电平时,其 11 脚输出为低电平,经 R_6 耦合,送入 1、2 脚,经反相后在 3 脚输出高电平信号,这个高电平信号一方面经 R_7,使报警电路不工作,另一方面经 R_8,使 13 脚保持高电平,系统处于稳定状态。当红外线信号被挡住时,8、9 脚输入一个高电平信号,反相后 10 脚变为低电平信号输出,由于 12 脚与 10 脚相连,因此 11 脚马上输出为高电平,送入 1 脚后,使 3 脚输出为低电平,这个低电平一路经 R_7,开启报警电路,另一路经 R_8,使 13 脚为低电平。13 脚为低电平后,报警信号就被锁定,这时即使接收电路又

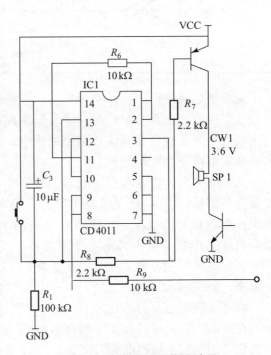

图 6.10 控制部分总体设计图

收到了红外线信号,12 脚变为高电平,由于 13 脚已为低电平,所以也无法关断报警,直到

人为按下复位键后，将 13 脚强拉为高电平，这样就可以关断报警，重新进入布防守候状态。

（5）报警电路的设计。

①音乐集成电路介绍。

语音声集成电路是指能发出中文或外文语句的语音器件，这种器件内的"语言存储器"容量一般不大，只能发出简单的语句，如"欢迎光临""恭喜发财""祝你生日快乐""早晨好，快起床""高压危险，请勿靠近""倒车请注意""抓贼呀"等；而音乐集成电路内部存储的是音乐信号，有各种中外歌曲、有模拟各种动物的叫声、有各种汽车的声音等。虽然语句和音乐不复杂，但具有价格低廉、使用方便及电路简单的特点，所以被广泛地运用于各个领域。该类集成电路大都采用黑胶加印制板的软封装结构形式，其接线方式大都可归纳如下：

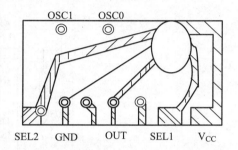

图 6.11　语音集成电路结构

正电源、触发端、信号端和地，语音集或电路结构如图 6.11 所示。有的还需要接入振荡电阻，而这个电阻一般都直接焊在音乐集成电路的线路板上（即 OSC1 和 OSC0 之间），对于该类电路的应用设计只需要为它提供电源（一般为 3 V 左右），就可以在信号端输出所需要的音乐信号了。语音集成电路模拟声音的各类接法如表 6.3 所示。

表 6.3　语音集成电路模拟声音的各类接法

模拟声音种类	选声端 SEL1	选声端 SEL2
机枪声	空	V_{CC}
警车声	空	空
救护车声	GND	空
消防车声	V_{CC}	空

②报警电路的设计。

我们在设计这部分电路时，将音乐集成电路设计成通过电子开关控制音乐集成电路的供电，从而控制音乐集成电路是否工作的方式。

当检测到有人进入布防区域后，逻辑控制单元输出低电平信号，经 R_7 使 VT3 饱和导通，经 R_{21}、CW1 提供一个 3.6 V 的电压，作为语音电路的工作电源，语音电路工作后，从 3 脚输出音频信号，经 R_2 送入 VT4 进行功率放大，放大后驱动喇叭发出 110 警车的报警声，如图 6.12 所示。

③系统调试与分析。

在对该部分电路进行实际调试时，V_{CC} 应输出 5 V 直流稳定的电压，接通电源后电源指示灯亮，正常发光，在开始时系统自动通过复位电容实现开机瞬时自动复位，不需要人进行干扰，更能体现系统的自动性。

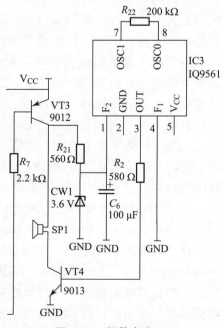

图 6.12　报警电路

首先对电源部分进行调试，先将整流、滤波部分元件焊上，然后接上电源变压器，用交流挡测变压器输出电压为 12.7 V，再用直流挡测整流滤波后的电压为直流 12 V 左右，正常，接上三端稳压后再测其输出电压，为 5.04 V，这些数据说明电源部分工作正常。

发射部分的调试，接通发射部分的电源，用万用表测量 VT7 脚的基极电压，为 −0.4 V，这说明电路已起振，工作正常。

红外接收部分的调试，将红外发射部分与接收部分对齐，测量 CD4011 的 8 脚电压，为 0.4 V，然后用手挡住红外线，这时电压变为 4.8V，这说明红外部分电路工作正常。

报警电路的调试，用一导线将 VT3 的发射极与集电极短接，这时听到了响亮的 110 警车报警声。

6.3　基于 AT89S51 单片机的超声波测距系统

1. 设计要求

利用单片机控制超声波的发射和对超声波自发射至接收往返时间的计时。系统定时发射超声波，在启动发射电路的同时启动单片机内部的定时器，利用定时器的计数功能记录超声波发射的时间和收到反射波的时间。当收到超声波的反射波时，接收电路输出端产生一个负跳变，单片机检测到这个负跳变信号后，停止内部计时器计时，读取时间，计算距离，测量结果输出给 LED 显示。利用本测距系统测量范围应在 40 ~ 699 cm，其误差 1 cm。

2. 系统原理

基于单片机的超声波测距系统，是利用单片机编程产生频率为 40 kHz 的方波，经过发射驱动电路放大，使超声波传感器发射端振荡，发射超声波。超声波经反射物反射回来后，由传感器接收端接收，再经接收电路放大、整形，控制单片机中断口。其系统框图如图 6.13 所示。

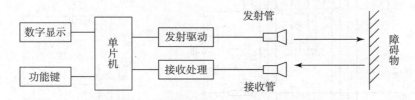

图 6.13　基于单片机的超声波测距系统框图

这种以单片机为核心的超声波测距系统通过单片机记录超声波发射的时间和收到反射波的时间。当收到超声波的反射波时，接收电路输出端产生一个负跳变，在单片机的外部中断源输入口产生一个中断请求信号，单片机响应外部中断请求，执行外部中断服务子程序，读取时间差，计算距离，结果输出给 LED 显示。

利用单片机准确计时，测距精度高，而且单片机控制方便，计算简单。许多超声波测距系统都采用这种设计方法。超声波测距原理图如图 6.14 所示。

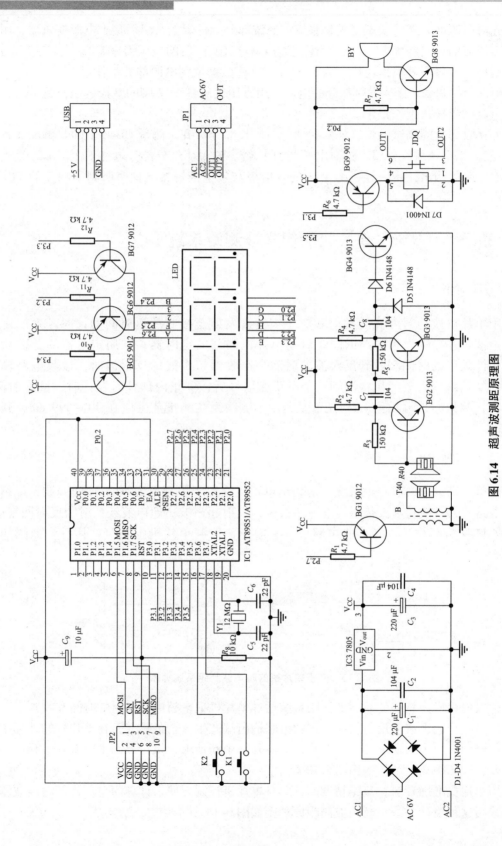

图 6.14　超声波测距原理图

3. 调试步骤

原件安装完毕后，将写好程序的 AT89S51 机装到测距板上，通电后将测距板的超声波头对着墙面往复移动，看数码管的显示结果会不会变化，在测量范围内能否正常显示。如果一直显示"－ － －"，则需将下限值增大。本测距板 1 s 测量 4～5 次，超声波发送功率较大时，测量距离远，则相应的下限值（盲区）应设置为高值。试验板中的声速没有进行温度补偿，声速值为 340 m/s，该值为 15℃时的超声波值。

6.4　带保护功能的串稳电源的设计与制作

1. 设计目的

（1）了解稳压电源的组成及工作原理；
（2）熟悉有关电子元器件的使用及焊接技术；
（3）学习模拟电路中整流电路、滤波电路、稳压电路等单元电路的综合应用。

2. 实验原理

电路组成可分为如下 9 个部分：保护电路、整流滤波电路、取样电路、基准电压形成电路、误差比较放大电路、调整电路、过压保护电路、过流保护电路、指示灯电路，如图 6.15 所示。

接线端子 J1 输入，经过 2 A 熔丝后加到整流滤波电路，将交流电压转换为非稳直流电压送到稳压电路，稳压为需要的稳定直流电压。其中 VD1～VD4 组成桥式整流电路，C_1～C_4 组成浪涌电流吸收电路，C_5、C_6 分别为低高频滤波电容，R_9～R_{10}、W2 组成取样电路，R_8、VD6 组成基准电压形成电路，VT6 完成误差比较放大，VT4～VT5 组成复合管调整电路，R_4、R_6 为调整电路提供驱动电流，C_7、C_8 为有源滤波电容，C_9、R_7 组成复合管泄放电路，以减小复合管穿透电流的影响，R_3、W1、R_5、VT2 组成过压保护电路，W1 可以调整过压保护电压的高低，R_1、R_2、VT1、VD5 组成过流保护电路，C_{11}、C_{12} 组成输出滤波电路，R11、LED1 为指示灯电路，J2 为输出接线端子（工作电压：输入电压比输出电压高 3～5 V 为佳）。

3. 元件清单

（1）接线端子 2 个。
（2）2A 熔丝 1 个。
（3）固定电阻器：0.5Ω×1 个，100 Ω×2 个，680 Ω×1 个，1 kΩ×6 个，56 kΩ×1 个；可调电阻器最大阻值：500Ω×1 个，22 kΩ×1 个。
（4）电解电容器：470 μF×1 个，100 μF×1 个，10 μF×3 个，0.1 μF×2 个，0.01 μF×5 个。
（5）发光二极管 LED：1 个。
（6）二极管：1N4001×4 个，1N4148×1 个。
（7）2.4V 稳压管：1 个。
（8）三极管 C9014：4 个。
（9）功率放大三极管 3DD15：1 个。

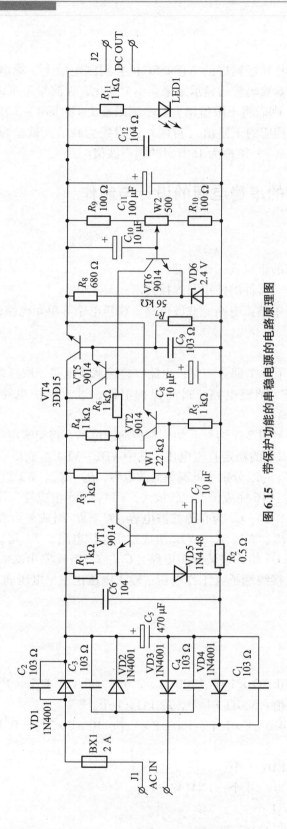

图 6.15　带保护功能的串稳电源的电路原理图

4. 设计内容

由于电路中使用器件较多，设计前必须合理安排各器件在装置上的位置，使电路逻辑清楚，接线简洁明了。

在设计过程中，应按照设计任务的次序，将各单元电路逐个进行接线和调试，即按顺序测试整流电路、滤波电路、稳压电路功能，待前一级电路工作正常后，再将下一级电路连接并焊接起来进行测试，直到测试实现整个电路的功能。这样的测试方法有利于检查和排除故障，保证设计顺利进行。

6.5　函数信号发生器的设计与安装

1. 设计目的

（1）学习用集成运放构成正弦波、方波和三角波发生器；
（2）学习波形发生器的调整和主要性能指标的测试方法。

2. 设计原理

首先通过 RC 振荡电路得到一个 $U_{P-P} = 20$ V，$f = 1\ 000$ Hz 的正弦波，然后又通过一个滞回比较器将正弦波转分为 $U_{P-P} = 20$ V 方波，最后利用积分运算电路将方波转化为 $U_{P-P} = 6$ V 的三角波。总体原理图如图 6.16 所示。

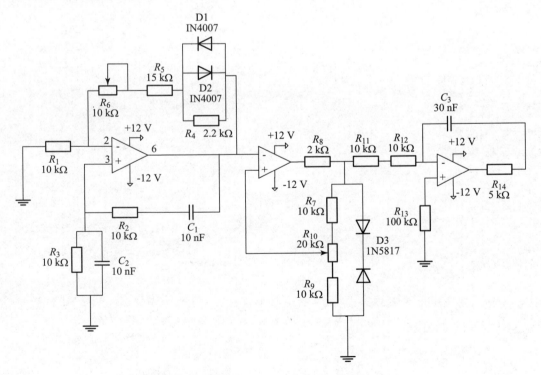

图 6.16　正弦波 – 方波 – 三角波电路原理图

图 6.16 中 R_1、R_4、R_5、R_6、D1、D2 组成反馈网络，R_2、R_3、C_1、C_2 组成振荡回路，满足振荡条件，可以产生正弦波，可以通过 R_6 来调节幅度和频率，二极管 D1、D2 起稳幅作用。

由 R_7、R_8、R_9、R_{10}、D3 及集成 741 构成反向滞回比较器，由一级电路产生的正弦波作为比较器的输入信号，电路输出的高电平为 +12 V，低电平为 –12 V。

3. 元件清单

（1）固定电阻器：10 kΩ×7 个，2.2 kΩ×1 个，15 kΩ×1 个，5 kΩ×1 个，2 kΩ×1 个，100 kΩ×1 个；可调电阻：10 kΩ×1 个，20 kΩ×1 个。

（2）电容器：10 nF×2 个，30 nF×1 个，10 μF×3 个，0.1 μF×2 个，0.01 μF×5 个。

（3）二极管：IN4007×2 个，1N5817（或 1N5758）×2 个。

（4）芯片：LM741×3 个。

4. 调试过程

元件安装完成后，用示波器测量第一片 741 的输出端，则示波器上显示的为正弦波；测第二片 741 的输出，显示的为方波；测第三片 741 的输出，显示的为三角波。

第 7 章　高级电工操作部分考核要点

维修电工高级操作考核共分为四个部分，第一部分占 40%，第二部分占 40%，第三部分占 10%，第四部分占 10%。

7.1　PLC 控制系统操作习题

1. 用 PLC 改造如图 7.1 所示通电延时带直流能耗制动的 Y–△ 启动控制电路，并进行安装与调试。

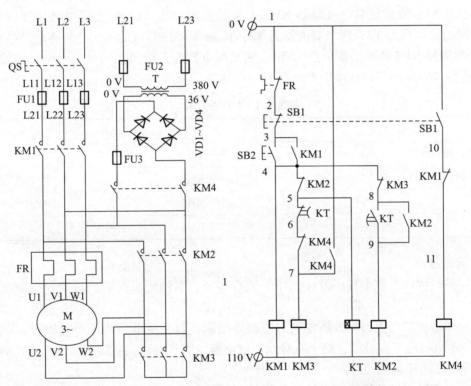

图 7.1　通电延时带直流能耗制动的 Y–△ 启动控制电路

◆ **考核要求**

（1）根据给定的控制电路图，列出 PLC 控制 I/O 口（输入/输出）元件地址分配表，设计梯形图及 PLC 控制 I/O 口接线图，根据梯形图列出指令表。

（2）按 PLC 控制 I/O 接线图在模拟配线板上正确安装，元件在配线板上布置要合理，安装要准确；配线导线要坚固、美观，导线要进线槽、要有端子标号，引出端要有别径压端子。

（3）熟练操作 PLC 键盘，能正确地将所编程序输入 PLC；按照被控设备的动作要求进行模拟调试，达到设计要求。

（4）正确使用电工工具及万用表，进行仔细检查，通电试验要成功，并注意人身和设备安全。

◆ **操作步骤**

（1）分析控制要求：启动时，按启动按钮 SB2，接触器 KM1，KM3 相继吸合，三相电动机定子绕组接成丫形（降压）启动，同时时间继电器 KT 接通后开始计时，经 10 s（时间整定值）后接触器 KM3 释放，KM2 吸合，此时电动机定子绕组接成△形正常运行。停车时，按停止按钮 SB1，接触器 KM1 和 KM2 释放，电动机停转。同时 KM4，KM3 吸合，三相电动机以丫形直流能耗制动。为了避免 KM3 尚未释放 KM2 就吸合而造成电源短路故障，在 KM3 与 KM2 之间加一互锁触点，当 KM3 释放后才使 KM2 吸合。

（2）输入输出点分配。

确定 PLC 的输入设备及所需的各类继电器，并对各元器件进行编号。输入设备，启动按钮 SB2，连接的输入点为 X2，输入继电器为 X2，停止按钮 SB1，连接的输入点为 X1，输入继电器为 X1。输出设备，接触器 KM1 连接的输出点为 Y1，输出继电器为 Y1；接触器 KM2 连接的输出点为 Y2，输出继电器为 Y2；接触器 KM3 连接的输出点为 Y3，输出继电器为 Y3；接触器 KM4 连接的输出点为 Y4，输出继电器为 Y4。电路中 KT 延时继电器，在用 PLC 改造时可以用内部的软逻辑定时器 T0，如表 7.1 所示。

表 7.1 I/O 分配表

输入		输出	
停止按钮 SB1	X1	KM1	Y1
正转启动 SB2	X2	KM2	Y2
		KM3	Y3
		KM4	Y4

◆ **编写程序**

（1）编写程序是整个程序设计工作的核心部分，本例题根据被控对象和控制要求，采用经验设计方法。

（2）梯形图按由上而下，从左到右的顺序绘制，每个继电器为一个逻辑行，即一层阶梯。每一逻辑行起于左母线，终于右母线。继电器线圈与右母线直接连接，不能在继电器线圈与右母线之间接其他元件。

（3）用户输入设备按输入点的地址编号，即按输入继电器的地址编号，如启动按钮为 X2，停止按钮为 X1。在梯形图中，同一个继电器的常开和常闭触点可以多次被使用，不受限制。画出全部梯形图，最后进行简化和整理。梯形图如图 7.2 所示。

语句表如下所示：

```
0  LD   X2          0  LD X2
1  OR   Y1          1  OR  Y1
2  ANI  X1          2  ANI X1
3  OUT  Y1          3  OUT  Y1
```

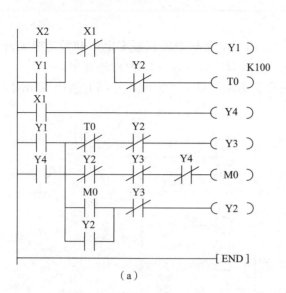
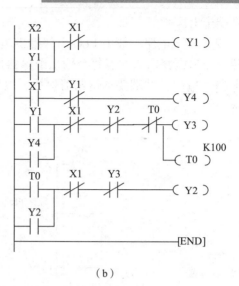

（a）　　　　　　　　　　　　　　（b）

图7.2　Y-△控制电路梯形图

4	ANI	Y2		4	LD	X1
5	OUT	T0 K100		5	ANI	Y1
8	LD	X1		6	OUT	Y4
9	OUT	Y4		7	LD	Y1
10	LD	Y1		8	ANI	X1
11	OR	Y4		9	ANI	Y2
12	MPS			10	ANI	T0
13	ANI	T0		11	OUT	Y3
14	ANI	Y2		12	OUT	T0 K100
15	OUT	Y3		15	LD	T0
16	MRD			16	OR	Y2
17	ANI	Y2		17	ANI	X1
18	ANI	Y3		18	ANI	Y3
19	ANI	Y4		19	OUT	Y2
20	OUT	M0		20	END	
21	MPP					
22	LD	M0				
23	OR	Y2				
24	ANB					
25	ANI	Y4				
26	OUT	Y2				
27	END					

◆ 设计电路图

（1）画出主电路以及 PLC 的控制电路。为了保证系统的可靠性，手动电路、急停电路一般可以不进入 PLC 的控制电路。按输入输出设备分配表的规定，将现场信号接在 PLC 的对应端子上。

（2）输入电路一般由 PLC 内部提供电源，输出电路根据负载额定电压和额定电流外接电源。输出电路需要注意每个输出继电器的触点容量及公共端（COM）的容量。

（3）输出公共端要加熔断器保护，以免负载短路损坏 PLC，PLC 外部电路接线如图 7.3 所示。

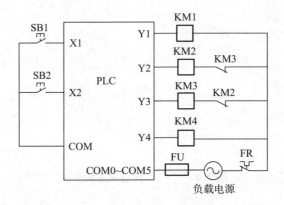

图 7.3　PLC 外部接线图

2. 用 PLC 改造如图 7.4 所示双重联锁正反转启动能耗制动的控制电路，并进行安装与调试。

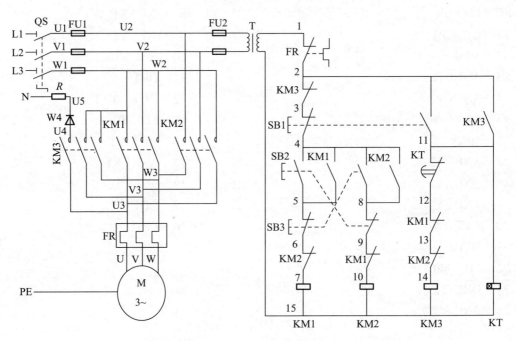

图 7.4　双重联锁正反转启动能耗制动控制电路

根据给定的控制电路图，列出 PLC 控制 I/O 元件地址分配表如表 7.2 所示。

表7.2　I/O 分配表

输入		输出	
停止按钮 SB1	X1	正转 KM1	Y1
正转启动 SB2	X2	反转 KM2	Y2
正转启动 SB3	X3	制动 KM3	Y3

梯形图及指令表如图 7.5 所示。

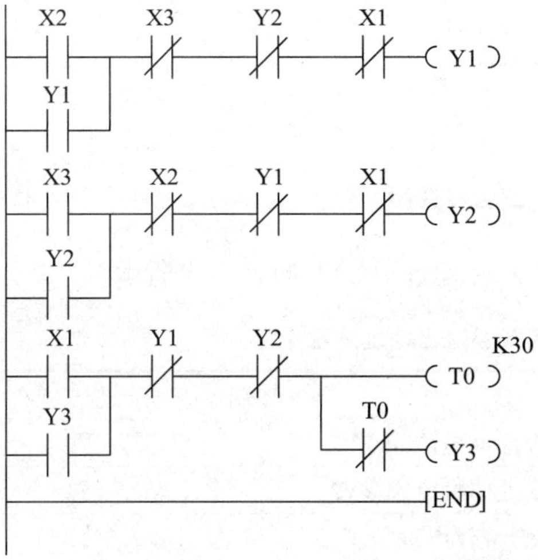

	0 LD X2　　11 OUT Y2
	1 OR Y1　　12 LD X1
	2 ANI X3　　13 OR Y3
	3 ANI Y2　　14 ANI Y1
	4 ANI X1　　15 ANI Y2
	5 OUT Y1　　16 OUT TO K30
	6 LD X3　　19 ANI T0
	7 OR Y2　　20 OUT Y3
	8 ANI X2　　21 END
	9 ANI Y1
	10 ANI X1

图 7.5　梯形图及指令表

参考 PLC 外部电路图如图 7.6 所示。

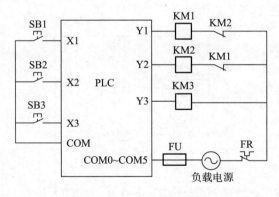

图 7.6　PLC 外部接线图

3. 用 PLC 控制 2 种液体自动混合的设计。

工作过程：初始状态时电磁阀 YV1、YV2、YV3 和搅拌机均为 OFF，液面传感器 L1、L2、L3 均为 OFF。当按下启动按钮后，电磁阀 YV1 闭合（YV1 为 ON），开始注入液体 A，至液面高度为 L2（此时 L2 和 L3 为 ON）时，停止注入 A 液体，同时开启液体 B 的电磁阀 YV2，开始注入液体 B，当液体升至 L1 时，停止注入 B 液体。开启搅拌器 M，开始搅拌 10 s。停止搅拌后放出混合液体，至液面高度为 L3 时，再经 5 s 停止放液体。又开始下一周期的操作，按下停止按钮，当前工作周期的操作结束后，才停止操作（返回并停在初始状态）。液体混合示意图如图 7.7 所示，工作方式设置为自动连续循环运转。

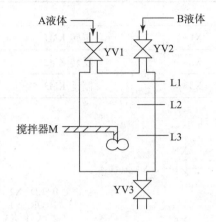

图 7.7　液体混合示意图

根据给定的控制要求，列出 PLC 控制 I/O 元件地址分配表如表 7.3 所示。

表 7.3　液体混合输入、输出地址分配

输入		输出	
启动按钮	X0	A 液体电磁阀 YV1	Y0
停止按钮	X1	B 液体电磁阀 YV2	Y1
液面传感器 L1	X2	混合液体电磁阀 YV3	Y2
液面传感器 L2	X3	搅拌器 M	Y3
液面传感器 L3	X4		

液体混合状态转移图如图 7.8 所示。

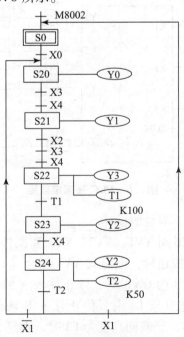

图 7.8　液体混合状态转移图

液体混合 PLC 外部电路图如图 7.9 所示。

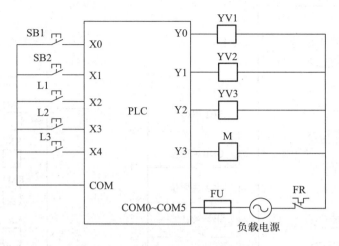

图 7.9　液体混合 PLC 外部电路图

4. PLC 控制小车运动装置的设计。

工作过程：运货小车右行至右限位，到位后小车停止右行，打开漏斗翻门装货，7 s 后漏斗翻门关闭，小车左行至左限位，到位后小车停止左行，底门卸货，5 s 后底门关闭，完成一次装卸过程，如图 7.10 所示（说明：小车底门和漏斗翻门的打开用中间继电器控制）。工作方式设置为自动循环，有必要的电气保护和联锁，自动循环时应按上述顺序动作。

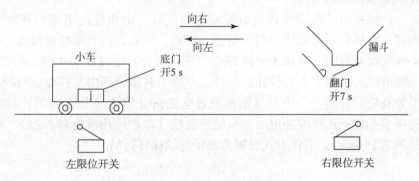

图 7.10　小车运动装置示意图

根据给定的控制要求，列出 PLC 控制 I/O 元件地址分配表如表 7.4 所示。

表 7.4　I/O 分配表

输入		输出	
启动按钮	X0	左行	Y0
左限位	X1	右行	Y1
右限位	X2	装料	Y2
停止按钮	X3	卸料	Y3

小车运动装置状态转移图如图 7.11 所示。

小车运动装置 PLC 外部电路图如图 7.12 所示。

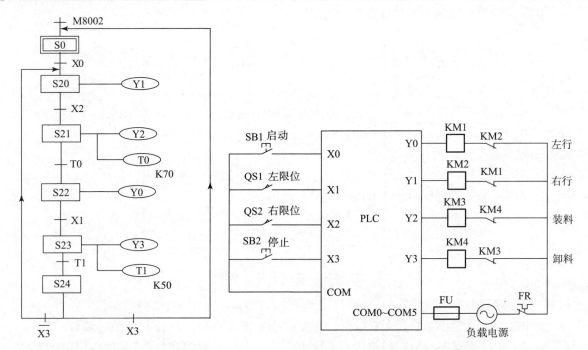

图 7.11　小车运动装置状态转移图　　　　图 7.12　小车运动装置 PLC 外部电路图

5. 进行 PLC 控制机械手设计。

工作过程：机械手的全部动作由气缸驱动，而气缸又由相应的电磁阀控制。其中，上升、下降和左移、右移分别由双线圈两位电磁阀控制。例如，当下降电磁阀通电时，机械手下降；当下降电磁阀断电时，机械手下降停止。只有当上升电磁阀通电时，机械手才上升；当上升电磁阀断电时，机械手上升停止。同样，左移、右移分别由左移电磁阀和右移电磁阀控制。机械手的放松、夹紧由一个单线圈两位置电磁阀（称为夹紧电磁阀）控制。当该线圈通电时，机械手夹紧；该线圈断电时，机械手放松（电磁阀用继电器控制）。机械手动作过程示意图如图 7.13 所示，工作方式设置为自动连续循环运转。

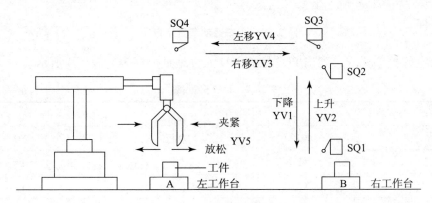

图 7.13　机械手动作过程示意图

根据给定的控制要求，列出 PLC 控制 I/O 元件地址分配表如表 7.5 所示。

表 7.5 PLC 控制 I/O 元件地址分配表

输入		输出	
下限位 SQ1	X1	下降电磁阀 YV1	Y0
上限位 SQ2	X2	上升电磁阀 YV2	Y1
左限位 SQ4	X3	右移电磁阀 YV3	Y2
右限位 SQ3	X4	左移电磁阀 YV4	Y3
手动上升开关 SB1	X5	夹紧电磁阀 YV5	Y4
手动左移开关 SB2	X6		
启动按钮 SB3	X26		

状态转移流程图如图 7.14 所示。

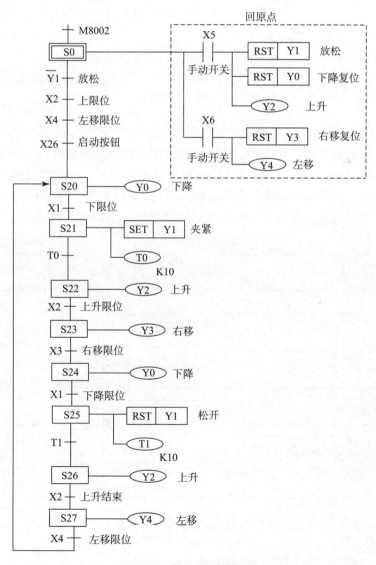

图 7.14 状态转移流程图

PLC 外部电路图如图 7.15 所示。

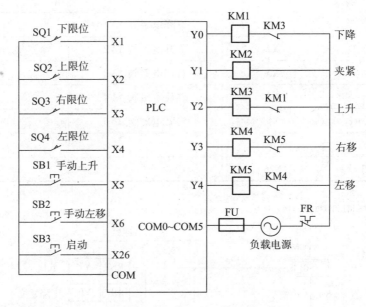

图 7.15　PLC 外部电路图

6. 十字路口交通灯的 PLC 控制系统的设计。

控制要求：南北红灯维持亮 30 s，在南北红灯亮的同时东西绿灯也亮，并维持 20 s，到 20 s 时，东西绿灯闪亮，闪亮 5 s 后熄灭，东西红灯亮，同时，南北红灯熄灭，绿灯亮。东西红灯亮维持 30 s，南北绿灯亮维持 25 s，然后闪亮 5 s 后熄灭，同时南北黄灯亮，维持 5 s 后熄灭，这时南北红灯亮，东西绿灯亮。交通信号灯时序图如图 7.16 所示。

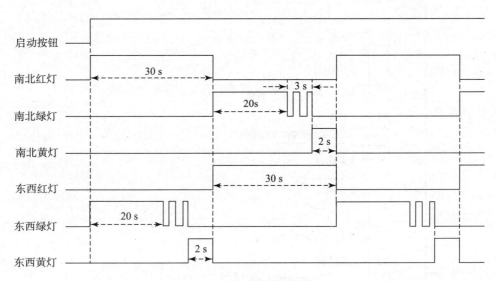

图 7.16　交通信号灯时序图

根据给定的控制要求，列出 PLC 控制 I/O 元件地址分配表如表 7.6 所示。

表 7.6　PLC 控制 I/O 元件地址分配表

输入		输出	
启动按钮 SB1	X0	南北红灯	Y0
		南北绿灯	Y1
		南北黄灯	Y2
		东西绿灯	Y4
		东西黄灯	Y5
		东西红灯	Y6

交通灯状态转移图如图 7.17 所示。

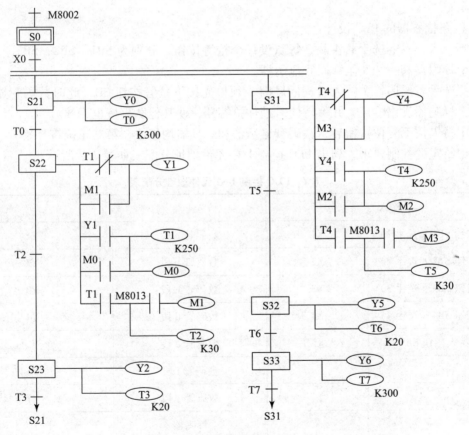

图 7.17　交通灯状态转移图

交通灯控制系统 PLC 外部电路图如图 7.18 所示。

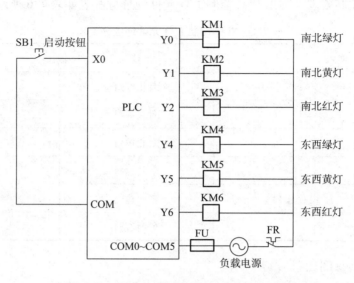

图7.18 交通灯控制系统 PLC 外部电路图

7. 四路抢答器的 PLC 设计。

控制要求：参赛选手共 4 队，每队设一个抢答按钮，分别为 SB1，SB2，SB3，SB4，并共用一个蜂鸣器和一个 8 段数码管显示器。

参赛选手若要回答主持人所提问题时，须抢先按下抢答按钮 SB，此时数码管显示该队的编号，蜂鸣器发出响声，并保持同时锁住抢答器，使其他队再按也无效。

当主持人按下复位按钮后，数码管显示器和蜂鸣器均复位，第二轮抢答开始。

根据给定的控制要求，列出 PLC 控制 I/O 元件地址分配表如表 7.7 所示。

表 7.7 PLC 控制 I/O 元件地址分配表

输入		输出	
抢答按钮 SB1（选手 1）	X1	数码管 a 段	Y1
抢答按钮 SB2（选手 2）	X2	数码管 b 段	Y2
抢答按钮 SB3（选手 3）	X3	数码管 c 段	Y3
抢答按钮 SB4（选手 4）	X4	数码管 d 段	Y4
主持人按钮 SB5	X5	数码管 e 段	Y5
		数码管 f 段	Y6
		数码管 g 段	Y7
		蜂鸣器	Y0

抢答器梯形图如图 7.19 所示。

抢答器 PLC 外部接线图如图 7.20 所示。

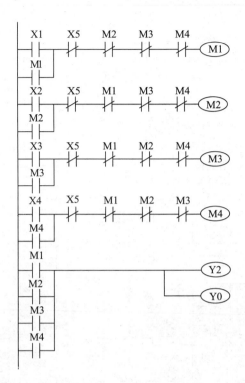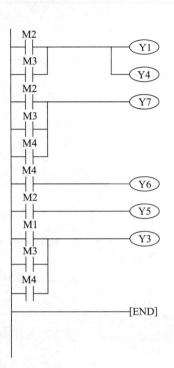

图 7.19　抢答器梯形图

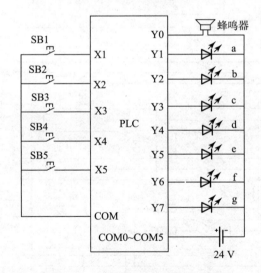

图 7.20　抢答器 PLC 外部接线图

7.2　测绘 X62W 万能铣床电气控制线路

要求：（1）利用万用表、电工工具等测量工具正确测量机械设备电气控制线路。

（2）按国家电气绘图规范及标准，正确绘出电气接线图。

（3）依据上面给出的电气接线图，按国家电气绘图规范及标准，正确绘出电路图。

（4）正确简述电气控制线路的工作原理。

万能铣床原理图如图 7.21 所示。

电工电子实训与电工考证指导书

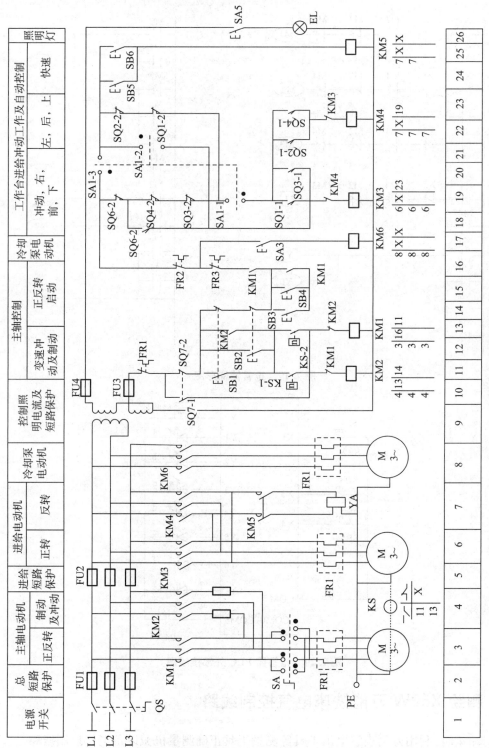

图7.21 万能铣床原理图

7.3　检修操作习题

1. 电枢回路电阻的测量

要求：（1）使用兆欧表测量电动机的绝缘电阻与电枢回路情况。

（2）电枢回路电阻的测量，电路如图 7.22 所示。

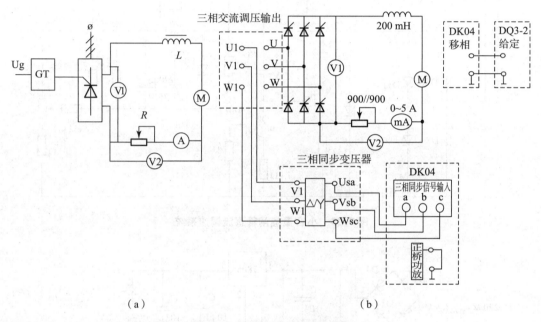

图 7.22　电枢回路电阻的测量

（a）简图；（b）接线图

电枢回路总电阻为：$R\sum 1 = (U_{21} - U_{22})/(I_1 - I_{12})$

电抗器的电阻和整流器内阻之和：$R\sum 2 = R_L + R_n = (U'_{21} - U'_{22})/(I'_1 - I'_{12})$

电动机的电动枢电阻为：$Ra = R\sum 1 - R\sum 2$

（3）启动电动机使其达到额定转速 1 500 r/min。

2. 检修小容量晶闸管直流调速电路

要求：根据给定的电路板，用万用表等工具找出图 7.23 电路中的故障，并标注出来。

3. 可调直流稳压电源电路

要求：根据给定的电路板，用万用表等工具找出图 7.24 中的故障，并标注出来。

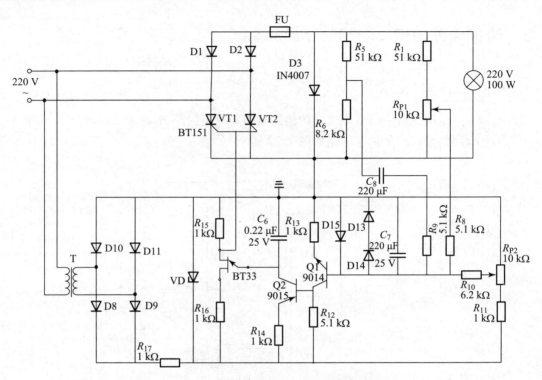

图 7.23　小容量晶闸管直流调速系统

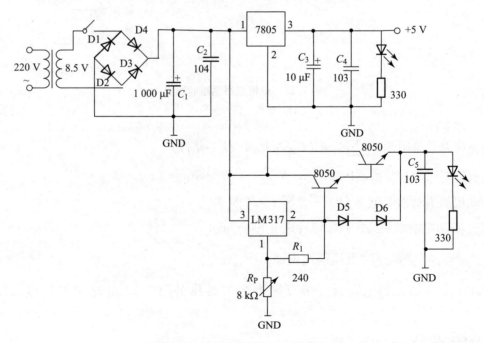

图 7.24　可调直流稳压电源电路

7.4　仪器仪表的使用与维护

仪器仪表的使用与维护是高级电工考核的一部分内容，占总分的 10%。双踪示波器的使用与维护：要求用双踪示波器观察由低频信号发生器发出的 1 kHz 的正弦波，使荧光屏上显示 2 个稳定的波形，如图 7.25 所示，并测量出它的峰峰值和频率。

$U_{p-p} =$ "V/div" ×格数（纵坐标）

$T =$ time/div ×格数（横坐标）

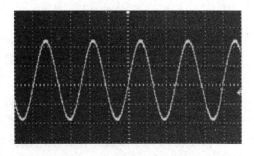

图 7.25　示波器波形图

7.5　理论培训指导模拟试题选解

理论培训指导是高级维修电工考核要求的一部分，占总分的 10%。其主要目的是考查学生是否具有理论培训技能，要求考生不但要有较扎实的理论知识，而且要具备一定的表达能力，使自己所讲授的知识能传授给他人。

1. 常见理论培训指导题目

讲述基尔霍夫定律；讲述戴维南定理；讲述三相异步电动机的正、反转控制线路工作原理；讲述直流（或三相异步）电动机的工作原理；讲述三极管放大电路工作原理；讲述单臂电桥的工作原理；讲述单踪示波器的工作原理；进行电工仪表使用与维护方面的培训指导；进行安全文明生产触电急救方面的培训指导；进行三相异步电动机双重联锁正、反转启动能耗制动控制电路安装与调试的培训指导；延时定时器电路安装、调试方面的培训指导（图见附录Ⅲ）。

2. 试题选解

题目：讲述三相异步电动机的双重联锁正、反转控制线路的工作原理。

考前准备三相异步电动机的正、反转控制线路工作原理讲稿 2 份，PPT 课件。

评分标准见表 7.8。

表 7.8　评分标准

序号	主要内容	考核要求	评分标准	配分
1	准备工作	教具、PPT 准备齐全	准备不齐全，扣 2 分	2
2	讲课	1. 主题明确重点突出； 2. 语言清晰、自然，用词正确	1. 主题不明确扣 2 分； 2. 重点不突出扣 2 分； 3. 语言不清晰，不自然，用词不正确，每处扣 2 分	8
3	时间分配	不得超过规定时间	每超过一分钟扣 1 分	

教案格式参考如下。

课时计划

授课日期：××××

课题：三相异步电动机的双重联锁正、反转控制线路的工作原理。

教学目的和要求：

①理解互锁的概念。

②掌握三相异步电动机的双重联锁正、反转控制线路的工作原理。

教具：PPT 一份或三相异步电动机正、反转挂图一张。

复习：三相异步电动机正、反转原理。

教学步骤：

①组织教学（1 min）。

②复习旧课（2 min）。

③讲授新课（20 min）。授课内容：三相异步电动机的双重联锁正、反转控制线路的工作原理。

④小结（1 min）。

第 8 章　SMT 生产实习

SMT 生产线、表面组装技术（Surface Mount Technology，SMT）是由混合集成电路技术发展而来的新一代电子装联技术，以采用元器件表面贴装技术和回流焊技术为特点，成为电子产品制造中新一代的组装技术。

8.1　SMT 生产线简介

SMT 生产线主要由以下设备组成：半自动印刷机、接驳台、自动贴片机、无铅回流焊机，如图 8.1 所示。

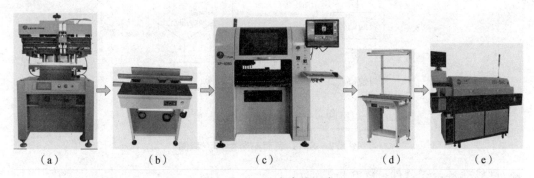

（a）　　　　（b）　　　　　　（c）　　　　　　（d）　　　　（e）

图 8.1　SMT 生产线组成

（a）半自动印刷机；（b）接驳台 1；（c）自动贴片机；（d）接驳台 2；（e）回流焊机

（1）半自动印刷机即半自动锡膏印刷机，是 SMT 生产线必备的机器之一，主要用来给电路板上锡膏。一般先将锡膏搅拌后放置于钢网上，并将要上锡膏的电路板调整好位置放在钢网下，通过操作印刷机左右刮刀将锡膏漏印于 PCB 对应焊盘位。

（2）接驳台用于 SMT 生产线之间的连接，也可用 PCB 之缓冲、检验、测试或电子元件手工插装。

（3）自动贴片机，又称"贴装机""表面贴装系统"（Surface Mount System），在 SMT 生产线中，它配置在点胶机或丝网印刷机之后，是通过移动贴装头把表面贴装元器件准确地放置在 PCB 焊盘上的一种设备，分为手动和全自动两种。

（4）回流焊机，这种设备的内部有一个加热电路，将空气或氮气加热到足够高的温度后吹向已经贴好元件的线路板，让元件两侧的焊料融化后与主板黏结。这种工艺的优势是温度易于控制，焊接过程中还能避免氧化，制造成本也更容易控制。

8.2　SMT 生产实习项目（一）——U 盘生产制作

◆ **制作目的**

1. 了解半自动印刷机与钢网的安装、调试。

2. 了解自动贴片机供料架的设置与安装、编程、PCB 电路板坐标设置与元件坐标导出及自动贴片机贴装编程。

3. 掌握回流焊温度及传送带速度的生产工艺要求与质量品质综合实验。

SMT 表面贴装生产流程如图 8.2 所示。

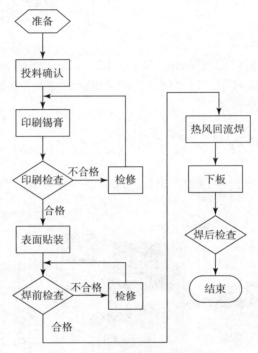

图 8.2　SMT 表面贴装生产流程图

◆ 材料准备：元器件、PCB 板、钢网。

投料确认：按材料清单将元器件安装在供料器上，按一定的顺序暂放在推车上。

印刷锡膏：将钢网调整并安装在刷膏机架子上，微调 PCB 板位置，使得 PCB 板焊盘与钢网孔一一对应。

表面贴装：将装好物料的供料器，按一定的顺序安装在贴片机的供料架上，调整贴片机每个贴片头对应每个供料器元件的吸起位置，直到都能正常吸起；从电路板导出 PCB 板坐标文件，然后将其转化为贴片机文件，设定好点、定点，设定好每个元件贴装坐标（X、Y、Z、A），反复调整直到每个元件都正确贴装。

热风回流焊：将贴装好的 PCB 板检测到没有问题时，可以放入设定好温度的回流焊接机里。

◆ **具体步骤**

1. 钢网安装

（1）先把半自动装钢网的两个臂松开把钢网放上去（尽量把钢网位置放在正中间，底下平台也要回原始位置）。

（2）然后确认开孔对应 PCB 板在上面位置，再把 PCB 板放在平台大概位置（不可以挪动），之后把钢网卸下来，将底下 PCB 板用定位柱或者定位针固定（一定要固定好，PCB 板不可以有任何松动）。

（3）将钢网放上去，把底下调成手动模式，点下降将钢网放下来到与 PCB 板同一平面。

（4）PCB 与钢网对位，对的位置差不多的话先将钢网上面的两个臂固定然后再将钢网与 PCB 对位，对好之后一手压着钢网中间防止挪动，一手锁钢网，交叉锁，斜对角锁。

（5）锁好之后再检查钢网上的孔与 PCB 板是否对上，对不上用底下平台微调即可。

◆ **注意事项**

（1）在调整钢网时，要将工作模式调成手动模式，不然会将钢网与刷刀损坏。

（2）固定钢网时，要斜对角慢慢往下锁，保证不移动钢网位置。

2. 贴装

（1）PCB 文件装载。

单击"读取 PCB 文件"键，选择要装载的 PCB 文件，这时会显示出 PCB 设计，X、Y 的坐标原点在 PCB 板的左下角，如果 PCB 图像过大或过小，单击"放大"或"缩小"检查细节，也可使用水平或垂直的流动条去调整图像的范围。

（2）供料架设置。

① "供料架设置"视窗显示所有供料器参数，在程序默认的软件中包含了 30 个供料器。在编程过程中可以做相应的调整，可存到自己的文件名下。在编制供料器列表中，必须要给定 X、Y、Z。

②添加供料架。

a. 添加一个新的供料器。供料器的序号是自动排列的，但是显示在视窗的 X、Y 位置是下视摄像头中心所在位置，暂时不改变 Z 方向的值，或者键入一个估计值。

b. 选择吸嘴号：显示的是当前供料器所使用的吸嘴编号。但是如果自动更换吸嘴号功能没有打开的话，那么贴片机会始终使用默认的吸嘴。

c. 移至料架：把下视摄像头移至供料器所设置的位置。

d. 吸嘴移至：尝试吸取并停留在吸取一瞬间的位置，并不吸取元件，用于测试吸取高度。

e. 吸取：从供料器吸取一个元件。

f. 吸取 – 上视摄像头：吸取并移动到上视摄像头 2。

g. 丢弃：把当前吸取的元件丢弃到"收集箱"位置。

（3）贴装设置。

①导入 PCB 设计图坐标，系统会自动显示所有新元件 X、Y、Z 坐标列表。该列表可以编辑、存储、打开，列表中会显示每个元件编号、名称或标志、X、Y、Z、A 等参数，所使用的供料器编号以及智能视觉系统的选择。

②编辑 X、Y、Z、A 等参数：先调整 X、Y 坐标位置，然后根据元件大小，设置 Z 参数；再根据元件方向，设置 A 参数。

③IC 设置：贴片机在贴装被勾选的元件时，按照"IC 设置"中的"XY 速度""Z 速度"和"贴装延迟"的参数进行贴装。此项功能是为了贴装 IC 时保证精度等而设置。

◆ **注意事项**

（1）使用"吸嘴移至""吸取"或者"吸取 – 上视摄像机"功能时，先要手动测试吸嘴吸取时 X、Y、Z 坐标参数，不然会将吸嘴损坏或吸不起元件。

（2）Z 值的设定是贴片机吸与贴放的关键。如果吸嘴太高，不能吸起元器；吸嘴太低，将元器件推入纸带中或损坏吸嘴。

（3）进料带必须安装在供料器上，要将手柄用力往下压，固定好进料带。

3. 无铅回流焊机操作说明

（1）开启回流焊机三相总电源开关，开启排风开关，开启启动按钮。

（2）开启电脑主机，登入用户名，双击控制软件图标。

（3）进入软件界面，双击"解锁"按钮，输入密码。

（4）根据本次生产工艺要求设置六个加热区的温度，一般按递增的规律进行设置，最高温度不超过280℃。

（5）设置好每个区的温度后，依次双击"运风按钮""加热按钮""运输按钮""报警按钮""冷却按钮"。

（6）设置"报警温度""上限温度""网链速度值""变频器频率值"。

（7）关闭回流焊时，要先关闭"加热按钮""报警按钮""运输按钮""运风按钮""冷却按钮"，并且要设置系统自动延时20 min再关闭"冷却按钮"。

◆ **注意事项**

（1）在温度设置时，要递增方式，而且两个加热区温度之间跨度不能太大，不然会影响焊接效果。

（2）在出现实际温度超出设定值，报警灯在闪时，要先关闭"加热按钮"停止加热，检查控制器接线是否连接良好，排除故障后再运行。

◆ **元件清单**

（1）PCB板；

（2）钢网；

（3）材料（电子元件、清单、锡膏）。

◆ **主要仪器设备**

TYS550 半自动印刷机　1台

TYE200 接驳台　1台

XP460M 自动贴片机　1台

TYE300 接驳台　1台

TY – RF612C 无铅回流焊机　1台

◆ **主要任务**

按生产工艺要求完成U盘的安装与调试过程，生产合格产品，达到教学与生产相结合的目的。

◆ **实训总结**

（1）总结U盘生产、调试过程。

（2）分析调试中发现的问题及故障排除方法。

8.3　SMT 生产实习项目（二）——可调台灯的制作

◆ **制作目的**

1. 掌握可调台灯的工作原理，并能根据PCB板画出电路原理图。

2. 了解 SMT 生产线各个部分的功能，并掌握半自动锡膏印刷机的调试和使用。

3. 了解自动贴片机的使用，学会贴片机供料架参数的设置方法。

4. 掌握台灯的安装方法，学会排查故障，完成整个台灯的制作。

◆ **可调台灯原理**

可调台灯的电路如图 8.3 所示，主要由锂电池充电管理、二合一锂电池保护、稳压电源、LED 灯光亮度调节 4 个部分组成。台灯 PCB 板元件布置图如图 8.4 所示。

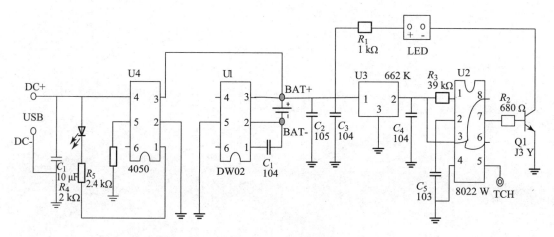

图 8.3　可调台灯的电路

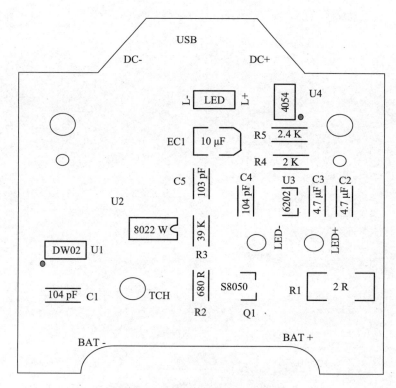

图 8.4　台灯 PCB 板元件布置图

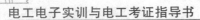

◆ 主要任务

（1）利用半自动锡膏印刷机完成台灯 PCB 板的镀锡。

（2）通过调节自动贴片机的供料架参数设置及吸嘴坐标，完成元器件的贴装。

（3）将贴装好的电路板进行检查，若每一个元器件所贴的位置都正确，则送到回流焊机中烘干。

（4）利用手工安装，将台灯剩余的元器件组装好并调试成功。

附录 I　高级电工理论模拟试题

模拟试题（一）

一、单项选择（第 1 题 ~ 第 160 题，每题 0.5 分，共 80 分。）

1. 测绘 T68 镗床电气线路的控制电路图时要正确画出控制变压器 TC、按钮 SB1 ~ SB5、
（　　）、中间继电器 KA1 和 KA2、速度继电器 KS、时间继电器 KT 等。

   A. 电动机 M1 和 M2　　　　　　　　B. 行程开关 SQ1 ~ SQ8

   C. 熔断器 FU1 和 FU2　　　　　　　D. 电源开关 QS

2. 电压负反馈能克服（　　）压降所引起的转速降。

   A. 电枢电阻　　　B. 整流器内阻　　　C. 电枢回路电阻　　　D. 电刷接触电阻

3. 使用螺丝刀拧螺钉时要（　　）。

   A. 先用力旋转，再插入螺钉槽口　　　B. 始终用力旋转

   C. 先确认插入螺钉槽口，再用力旋转　　D. 不停地插拔和旋转

4. 负载不变情况下，变频器出现过电流故障，原因可能是（　　）。

   A. 负载过重　　　　　　　　　　　B. 电源电压不稳

   C. 转矩提升功能设置不当　　　　　D. 斜波时间设置过长

5. 钢丝钳（电工钳子）可以用来剪切（　　）。

   A. 细导线　　　B. 玻璃管　　　　C. 铜条　　　　D. 水管

6. 电气控制线路图测绘的一般步骤是设备停电，先画电器布置图，再画（　　），最后
画出电气原理图。

   A. 电机位置图　　　B. 电器接线图　　　C. 按钮布置图　　　D. 开关布置图

7. 当 74LS94 的控制信号为 00 时，该集成移位寄存器处于（　　）状态。

   A. 左移　　　　　B. 右移　　　　C. 保持　　　　D. 并行置数

8. PLC 控制系统设计的步骤描述错误的是（　　）。

   A. 正确选择 PLC 对于保证控制系统的技术和经济性能指标起着重要的作用

   B. 深入了解控制对象及控制要求是 PLC 控制系统设计的基础

   C. 系统交付前，要根据调试的最终结果整理出完整的技术文件

   D. PLC 进行程序调试时直接进行现场调试即可

9. 时序逻辑电路的状态表是由（　　）。

   A. 状态方程算出　　　　　　　　　B. 驱动方程算出

   C. 触发器的特性方程算出　　　　　D. 时钟脉冲表达式算出

10. 面接触型二极管应用于（　　）。

A. 整流　　　　B. 稳压　　　　C. 开关　　　　D. 光敏

11. 实用的调节器线路，一般应有抑制零漂、（　　　）、输入滤波、功率放大、比例系数可调、寄生振荡消除等附属电路。

A. 限幅　　　　B. 输出滤波　　　　C. 温度补偿　　　　D. 整流

12. 时序逻辑电路的清零端有效，则电路为（　　　）状态。

A. 计数　　　　B. 保持　　　　C. 置 1　　　　D. 清 0

13. 职业道德是一种（　　　）的约束机制。

A. 强制性　　　　B. 非强制性　　　　C. 随意性　　　　D. 自发性

14. 数码存储器的操作要分为（　　　）步进行。

A. 4　　　　B. 3　　　　C. 5　　　　D. 6

15. 锯齿波触发电路由锯齿波产生与相位控制、脉冲形成与放大、（　　　）、双窄脉冲产生等四个环节组成。

A. 矩形波产生与移相　　　　B. 尖脉冲产生与移相

C. 强触发与输出　　　　D. 三角波产生与移相

16. 20/5 t 桥式起重机的保护电路由紧急开关 QS4、过电流继电器 KC1 ~ KC5、（　　　）、熔断器 FU1 ~ FU2、限位开关 SQ1 ~ SQ4 等组成。

A. 电阻器 R_1 ~ R_5　　　　B. 热继电器 FR1 ~ FR5

C. 欠电压继电器 KV　　　　D. 接触器 KM1 ~ KM2

17. X62W 铣床的圆工作台控制开关在"接通"位置时会造成（　　　）。

A. 主轴电动机不能启动　　　　B. 冷却泵电动机不能启动

C. 工作台各方向都不能进给　　　　D. 主轴冲动失灵

18. 变频器一上电就过电流故障报警并跳闸，此故障原因不可能是（　　　）。

A. 变频器主电路有短路故障　　　　B. 电动机有短路故障

C. 安装时有短路问题　　　　D. 电动机参数设置问题

19. X62W 铣床使用圆形工作台时必须将圆形工作台转换开关 SA1 置于（　　　）位置。

A. 左转　　　　B. 右转　　　　C. 接通　　　　D. 断开

20. 下面关于严格执行安全操作规程的描述，错误的是（　　　）。

A. 每位员工都必须严格执行安全操作规程

B. 单位的领导不需要严格执行安全操作规程

C. 严格执行安全操作规程是维持企业正常生产的根本保证

D. 不同行业安全操作规程的具体内容是不同的

21. 直流调速装置调试前的准备工作主要有（　　　）。

A. 收集有关资料、熟悉并阅读有关资料和说明书、调试用仪表的准备

B. 收集有关资料、接通电源

C. 阅读有关资料和说明书、加装漏电保护器

D. 调试用仪表的准备、主电路和控制电路的接线、编制和输入控制程序

22. X62W 铣床的主轴电动机 M1 采用了（　　　）的停车方法。

A. 能耗制动　　　　B. 反接制动　　　　C. 电磁抱闸制动　　　　D. 机械摩擦制动

23. 在日常工作中，对待不同对象，态度应真诚热情、（　　　）。

A. 尊卑有别　　　　B. 女士优先　　　　C. 一视同仁　　　　D. 外宾优先

24. PLC 程序能对（　　）进行检查。

    A. 输出量　　　　　　　　　　　　B. 模拟量

    C. 晶体管　　　　　　　　　　　　D. 双线圈、指令、梯形图

25. JK 触发器，当 JK 为（　　）时，触发器处于置 0 状态。

    A. 00　　　　　　　B. 01　　　　　　　C. 10　　　　　　　D. 11

26. 使用万用表时，把电池装入电池夹内，把两根测试表棒分别插入插座中，（　　）。

    A. 红的插入"＋"插孔，黑的插入"＊"插孔内

    B. 黑的插入"＋"插孔，红的插入"＊"插孔内

    C. 红的插入"＋"插孔，黑的插入"－"插孔内

    D. 红的插入"－"插孔，黑的插入"＋"插孔内

27. 三相半波可控整流电路电感性负载无续流管的输出电压波形在控制角（　　）时出现负电压部分。

    A. $\alpha>60°$　　　B. $\alpha>45°$　　　　C. $\alpha>30°$　　　　D. $\alpha>90°$

28. 下列选项中属于企业文化功能的是（　　）。

    A. 整合功能　　　B. 技术培训功能　　　C. 科学研究功能　　　D. 社交功能

29. 锯齿波触发电路中调节恒流源对电容器的充电电流，可以调节（　　）。

    A. 锯齿波的周期　　　　　　　　　B. 锯齿波的斜率

    C. 锯齿波的幅值　　　　　　　　　D. 锯齿波的相位

30. 导线截面的选择通常是由发热条件、机械强度、（　　）、电压损失和安全载流量等因素决定的。

    A. 电流密度　　　B. 绝缘强度　　　　C. 磁通密度　　　D. 电压高低

31. 步进电动机的驱动电源由运动控制器、脉冲分配器和功率驱动级组成。各相通断的时序逻辑信号由（　　）。

    A. 运动控制器给出　　　　　　　　B. 脉冲分配器给出

    C. 功率驱动级给出　　　　　　　　D. 另外电路给出

32. 由积分调节器组成的闭环控制系统是（　　）。

    A. 有静差系统、　　B. 无静差系统　　　C. 顺序控制系统　　　D. 离散控制系统

33. 以下 FX2NPLC 程序中存在的问题是（　　）。

    A. 不需要串联 X1 停止信号，不需要 Y0 触点保持

    B. 不能使用 X0 上升沿指令

    C. 要串联 X1 常开点

    D. 要并联 Y0 常闭点

34. 在转速负反馈系统中，闭环系统的静态转速降减为开环系统静态转速降的（　　）倍。

    A. $1+K$　　　　B. $1/(1+K)$　　　　C. $1+2K$　　　　D. $1/K$

35. 以下 FX2N 可编程序控制器程序实现的是（　　　）功能。

```
        X000                                                              K100
0       ─┤ ├──                                                        ──( T0   )

        T0      X000                                                      K50
4       ─┤ ├────┤ ├──                                                 ──( T1   )

        T0      T1
9       ─┤ ├────┤/├──                                                 ──( Y000 )
        │
        Y000
        ─┤ ├──
```

    A. Y0 延时 5 s 接通，延时 10 s 断开

    B. Y0 延时 10 s 接通，延时 5 s 断开

    C. Y0 延时 15 s 接通，延时 5 s 断开

    D. Y0 延时 5 s 接通，延时 15 s 断开

36. 集成显示译码器是按（　　　）来显示的。

    A. 高电平　　　　　B. 低电平　　　　　C. 字形　　　　　D. 低阻

37. 三相半控桥式整流电路电阻性负载时，每个晶闸管的最大导通角 θ 是（　　　）。

    A. 150°　　　　　B. 120°　　　　　C. 90°　　　　　D. 60°

38. 晶闸管触发电路所产生的触发脉冲信号必须要（　　　）。

    A. 有一定的电抗　　　　　　　　B. 有一定的移相范围

    C. 有一定的电位　　　　　　　　D. 有一定的频率

39. 积分集成运放电路反馈元件采用的是（　　　）元件。

    A. 电阻　　　　　B. 电感　　　　　C. 电容　　　　　D. 二极管

40. 三相半波可控整流电路电阻性负载的输出电流波形在控制角 $\alpha <$（　　　）时连续。

    A. 60°　　　　　B. 30°　　　　　C. 45°　　　　　D. 90°

41. 测绘 X62W 铣床电气控制主电路图时要画出（　　　）、熔断器 FU1、接触器 KM1 ~ KM6、热继电器 FR1 ~ FR3、电动机 M1 ~ M3 等。

    A. 按钮 SB1 ~ SB6　　　　　　　B. 行程开关 SQ1 ~ SQ7

    C. 转换开关 SA1 ~ SA2　　　　　D. 电源开关 QS

42. T68 镗床的主轴电动机由（　　　）实现过载保护。

    A. 熔断器　　　　　　　　　　　B. 过电流继电器

    C. 速度继电器　　　　　　　　　D. 热继电器

43. 单相桥式可控整流电路大电感负载无续流管的输出电流波形（　　　）。

    A. 始终在横坐标的下方　　　　　B. 始终在横坐标的上方

    C. 会出现负电流部分　　　　　　D. 正电流部分大于负电流部分

44. 如图所示为（　　　）符号。

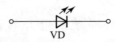

VD

    A. 开关二极管　　　B. 整流二极管　　　C. 稳压二极管　　　D. 发光二极管

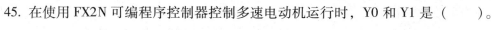

45. 在使用 FX2N 可编程序控制器控制多速电动机运行时，Y0 和 Y1 是（　　　）。

```
   X000   X001
0 ─┤├────┤/├──────────────────────────────────( Y001 )

          X001                                    K10
       ───┤├────────────────────────────────────( T0 )

          T0
       ───┤├────────────────────────────────────( Y000 )
```

　　A. Y1 运行 1 s　　　　　　　　　　B. Y0 运行时，Y1 停止

　　C. Y0 运行 1 s　　　　　　　　　　D. Y0、Y1 同时运行

46. 20/5 t 桥式起重机的小车电动机一般用（　　　）实现启停和调速的控制。

　　A. 断路器　　　　B. 接触器　　　　　C. 凸轮控制器　　　　D. 频敏变阻器

47. 组合逻辑电路的比较器功能为（　　　）。

　　A. 只是逐位比较　　　　　　　　　　B. 只是最高位比较

　　C. 高位比较有结果，低位可不比较　　D. 只是最低位比较

48. 与通用型异步电动机相比变频调速专用电动机的特点是：（　　　）。

　　A. 外加变频电源风扇实行强制通风；加大电磁负荷的裕量；加强绝缘

　　B. U/f 控制时磁路容易饱和；加强绝缘；外加变频电源风扇实行强制通风

　　C. 外加变频电源风扇实行强制通风；加大电磁负荷的裕量；加强绝缘

　　D. 外加工频电源风扇实行强制通风；加大电磁负荷的裕量；加强绝缘

49. 电气控制线路测绘时要避免大拆大卸，对去掉的线头要（　　　）。

　　A. 保管好　　　　B. 做好记号　　　　C. 用新线接上　　　　D. 安全接地

50. 调节直流电动机电枢电压可获得（　　　）性能。

　　A. 恒功率调速　　　B. 恒转矩调速　　　C. 弱磁通调速　　　D. 强磁通调速

51. 20/5 t 桥式起重机的主钩电动机一般用（　　　）实现过流保护的控制。

　　A. 断路器　　　　B. 电流继电器　　　　C. 熔断器　　　　D. 热继电器

52. 变频器连接同步电动机或连接几台电动机时，变频器必须在（　　　）特性下工作。

　　A. 恒磁通调速　　　B. 调压调速　　　C. 恒功率调速　　　D. 变阻调速

53. 在使用 FX2N 可编程序控制器控制磨床运行时，X2 为启动开关，启动时（　　　）。

```
   X002   Y005   X004   X015
5 ─┤├────┤/├────┤/├────┤/├────────────────────( Y001 )

   X003
   ─┤├──┐
         │
   Y001  │
   ─┤├───┘

    X005   X007   Y004   Y003   Y001
12 ─┤├────┤/├────┤/├────┤/├────┤/├────────────( Y002 )
                              └─────────────────( M0 )

    X006   X010   Y004   Y002   Y001
19 ─┤├────┤/├────┤/├────┤/├────┤/├────────────( Y003 )
                              └─────────────────( M1 )
```

A. Y5 必须得电   B. X3 必须得电

C. 只需 X2 闭合   D. Y5 和 X15 必须同时得电

54. 三相桥式可控整流电路电感性负载，控制角 α 减小时，输出电流波形（　　）。

A. 降低   B. 升高   C. 变宽   D. 变窄

55. FX2N 系列可编程序控制器的上升沿脉冲指令，可以（　　）。

A. 隔离输出   B. 防止输入信号抖动

C. 延时   D. 快速读入

56. 以下程序是对输入信号 X0 进行（　　）分频。

A. 一   B. 三   C. 二   D. 四

57. 三相全控桥式整流电路由三只共阴极（　　）与三只共阳极晶闸管组成。

A. 场效应管   B. 二极管   C. 晶闸管   D. 晶体管

58. 集成运放电路（　　），会损坏运放。

A. 输出负载过大   B. 输出端开路

C. 输出负载过小   D. 输出端与输入端直接相连

59. 无论更换输入模块还是更换输出模块，都要在 PLC（　　）情况下进行。

A. RUN 状态下   B. PLC 通电   C. 断电状态下   D. 以上都不是

60. 以下不是 PLC 控制系统设计原则的是（　　）。

A. 最大限度地满足生产机械或生产流程对电气控制的要求

B. 导线越细成本越低

C. 在满足控制系统要求的前提下，力求使系统简单、经济、操作和维护方便

D. 以上都是

61. 电网电压正常情况下，启动过程中软启动器"欠电压保护"动作。此故障原因不可能是（　　）。

A. "欠电压保护"动作整定值设定不正确

B. 减轻电流限幅值

C. 电压取样电路故障

D. 晶闸管模块故障

62. 555 定时器构成的单稳态触发器单稳态脉宽由（　　）决定。

A. 输入信号   B. 输出信号   C. 电路电阻及电容   D. 555 定时器结构

63. 在 FX2N PLC 中，T200 的定时精度为（　　）。

A. 1 ms   B. 10 ms   C. 100 ms   D. 1 s

64. 使用 FX2N 可编程序控制器控制车床运行时，以下程序中使用了 ZRST 指令（　　）。

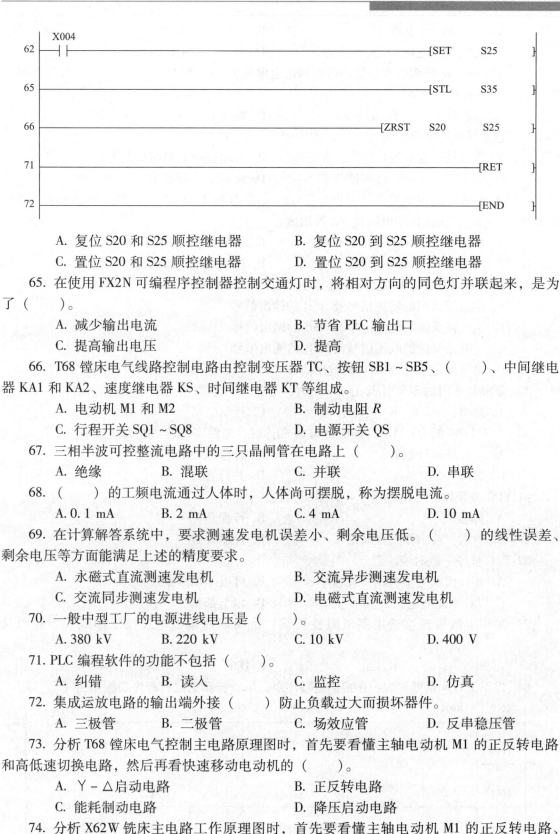

62	X004	[SET　S25]
65		[STL　S35]
66		[ZRST　S20　S25]
71		[RET]
72		[END]

A. 复位 S20 和 S25 顺控继电器　　　　B. 复位 S20 到 S25 顺控继电器

C. 置位 S20 和 S25 顺控继电器　　　　D. 置位 S20 到 S25 顺控继电器

65. 在使用 FX2N 可编程序控制器控制交通灯时，将相对方向的同色灯并联起来，是为了（　　）。

A. 减少输出电流　　　　　　　　B. 节省 PLC 输出口

C. 提高输出电压　　　　　　　　D. 提高

66. T68 镗床电气线路控制电路由控制变压器 TC、按钮 SB1～SB5、（　　）、中间继电器 KA1 和 KA2、速度继电器 KS、时间继电器 KT 等组成。

A. 电动机 M1 和 M2　　　　　　B. 制动电阻 R

C. 行程开关 SQ1～SQ8　　　　　D. 电源开关 QS

67. 三相半波可控整流电路中的三只晶闸管在电路上（　　）。

A. 绝缘　　　　B. 混联　　　　C. 并联　　　　D. 串联

68. （　　）的工频电流通过人体时，人体尚可摆脱，称为摆脱电流。

A. 0.1 mA　　　　B. 2 mA　　　　C. 4 mA　　　　D. 10 mA

69. 在计算解答系统中，要求测速发电机误差小、剩余电压低。（　　）的线性误差、剩余电压等方面能满足上述的精度要求。

A. 永磁式直流测速发电机　　　　B. 交流异步测速发电机

C. 交流同步测速发电机　　　　　D. 电磁式直流测速发电机

70. 一般中型工厂的电源进线电压是（　　）。

A. 380 kV　　　　B. 220 kV　　　　C. 10 kV　　　　D. 400 V

71. PLC 编程软件的功能不包括（　　）。

A. 纠错　　　　B. 读入　　　　C. 监控　　　　D. 仿真

72. 集成运放电路的输出端外接（　　）防止负载过大而损坏器件。

A. 三极管　　　　B. 二极管　　　　C. 场效应管　　　　D. 反串稳压管

73. 分析 T68 镗床电气控制主电路原理图时，首先要看懂主轴电动机 M1 的正反转电路和高低速切换电路，然后再看快速移动电动机的（　　）。

A. Y－△启动电路　　　　　　　　B. 正反转电路

C. 能耗制动电路　　　　　　　　D. 降压启动电路

74. 分析 X62W 铣床主电路工作原理图时，首先要看懂主轴电动机 M1 的正反转电路、制动及冲动电路，然后再看进给电动机 M2 的（　　），最后看冷却泵电动机 M3 的电路。

A. Ｙ－△启动电路　　　　　　　　　　B. 正反转电路

C. 能耗制动电路　　　　　　　　　　　D. 降压启动电路

75. 测绘 X62W 铣床电器位置图时要画出电源开关、电动机、（　　　）、行程开关、电器箱等在机床中的具体位置。

A. 接触器　　　　　B. 熔断器　　　　　C. 按钮　　　　　D. 热继电器

76. 职业道德对企业起到（　　　）的作用。

A. 增强员工独立意识　　　　　　　　　B. 模糊企业上级与员工关系

C. 使员工规规矩矩做事情　　　　　　　D. 增强企业凝聚力

77. X62W 铣床的主电路由电源总开关 QS、熔断器 FU1、（　　　）、热继电器 FR1 ~ FR3、电动机 M1 ~ M3、快速移动电磁铁 YA 等组成。

A. 位置开关 SQ1 ~ SQ7　　　　　　　B. 按钮 SB1 ~ SB6

C. 接触器 KM1 ~ KM6　　　　　　　　D. 速度继电器 KS

78. 双闭环调速系统中电流环的输入信号有两个，即（　　　）。

A. 主电路反馈的转速信号及 ASR 的输出信号

B. 主电路反馈的电流信号及 ASR 的输出信号

C. 主电路反馈的电压信号及 ASR 的输出信号

D. 电流给定信号及 ASR 的输出信号

79. 集成与非门的多余引脚（　　　）时，与非门被封锁。

A. 悬空　　　　　B. 接高电平　　　　　C. 接低电平　　　　　D. 并接

80. 当 74LS94 的 Q3 经非门的输出与 Sr 相连时，电路实现的功能为（　　　）。

A. 左移环形计数器　　　　　　　　　　B. 右移扭环形计数器

C. 保持　　　　　　　　　　　　　　　D. 并行置数

81. PLC 编程软件可以对（　　　）进行监控。

A. 传感器　　　　　　　　　　　　　　B. 行程开关

C. 输入、输出量及存储量　　　　　　　D. 控制开关

82. PLC 程序下载时应注意（　　　）。

A. 在任何状态下都能下载程序　　　　　B. 可以不用数据线

C. PLC 不能断电　　　　　　　　　　　D. 以上都是

83. 单相半波可控整流电路电阻性负载一个周期内输出电压波形的最大导通角是（　　　）。

A. 90°　　　　　B. 120°　　　　　C. 180°　　　　　D. 240°

84. 以下 FX2N 系列可编程序控制器程序中，第一行和第二行程序功能相比（　　　）。

A. 第二行程序是错误的　　　　　　　B. 工业现场不能采用第二行程序

C. 没区别　　　　　　　　　　　　　D. 第一行程序可以防止输入抖动

85. 有电枢电压，电动机嗡嗡响但不转，一会出现过流跳闸。故障原因可能是（　　　）。

A. 电动机气隙磁通不饱和　　　　　　B. 电动机气隙磁通饱和

C. 励磁电路损坏或没有加励磁　　　　D. 电枢电压过低

86. 在以下 FX2N PLC 程序中，优先信号级别最高的是（　　　）。

A. X1　　　　　　B. X2　　　　　　C. X3　　　　　　D. X4

87. 普通螺纹的牙型角是 60°，英制螺纹的牙型角是（　　　）。

A. 50°　　　　　　B. 55°　　　　　　C. 60°　　　　　　D. 65°

88. X62W 铣床进给电动机 M2 的（　　　）有左、中、右三个位置。

A. 前后（横向）和升降十字操作手柄

B. 左右（纵向）操作手柄

C. 高低速操作手柄

D. 启动制动操作手柄

89. 可控 RS 触发器，易在 CP = 1 期间出现（　　　）现象。

A. 翻转　　　　　　B. 置 0　　　　　　C. 置 1　　　　　　D. 空翻

90. 若使三极管具有电流放大能力，必须满足的外部条件是（　　　）。

A. 发射极正偏、集电极正偏　　　　　B. 发射极反偏、集电极反偏

C. 发射极正偏、集电极反偏　　　　　D. 发射极反偏、集电极正偏

91. 常用的绝缘材料包括：气体绝缘材料、（　　　）和固体绝缘材料。

A. 木头　　　　　　B. 玻璃　　　　　　C. 胶木　　　　　　D. 液体绝缘材料

92. 以下不是 PLC 硬件故障类型的是（　　　）。

A. I/O 模块故障　　　　　　　　　　B. 电源模块故障

C. CPU 模块故障　　　　　　　　　　D. 状态矛盾故障

93. PLC 输出模块出现故障可能是（　　　）造成的。

A. 供电电源　　　　B. 端子接线　　　　C. 模板安装　　　　D. 以上都是

94. X62W 铣床（　　　）的冲动控制是由位置开关 SQ7 接通反转接触器 KM2 一下。

A. 冷却泵电动机 M3　　　　　　　　B. 风扇电动机 M4

C. 主轴电动机 M1　　　　　　　　　D. 进给电动机 M2

95. 市场经济条件下，职业道德最终将对企业起到（　　　）的作用。

A. 决策科学化　　B. 提高竞争力　　C. 决定经济效益　　D. 决定前途与命运

96. 一片集成二—十进制计数器 74LS90 可构成（　　）进制计数器。

    A. 二至十间的任意　　　　　　　　B. 五

    C. 十　　　　　　　　　　　　　　D. 二

97. PLC 中"24 V DC"灯熄灭表示无相应的（　　）电源输出。

    A. 交流电源　　　B. 直流电源　　　C. 后备电源　　　D. 以上都是

98. 测量交流电压时应选用（　　）电压表。

    A. 磁电系　　　B. 电磁系　　　C. 电磁系或电动系　　D. 整流系

99. 滞回比较器的比较电压是（　　）。

    A. 固定的　　　　　　　　　　　B. 随输出电压而变化

    C. 输出电压可正可负　　　　　　D. 与输出电压无关

100. 在使用 FX2N 可编程序控制器控制交通灯时，Y0 接通的时间为（　　）。

    A. 通 25 s　　　　　　　　　　　B. 通 23 s

    C. 通 3 s　　　　　　　　　　D. 0～20 s 通，20～23 s 以 1 Hz 闪烁

101. 在 FX2N PLC 中 PLS 是（　　）指令。

    A. 计数器　　　B. 定时器　　　C. 上升沿脉冲　　　D. 下降沿脉冲

102. 自动控制系统的动态指标中（　　）反映了系统的稳定性能。

    A. 最大超调量（σ）和振荡次数（N）　　B. 调整时间（t_s）

    C. 最大超调量（σ）　　　　　　　　D. 调整时间（t_s）和振荡次数（N）

103. 集成与非门被封锁，应检查其多余引脚是否接了（　　）。

    A. 悬空　　　B. 高电平　　　C. 低电平　　　D. 并接

104. 在一个程序中不能使用（　　）检查的方法。

    A. 直接下载到 PLC　　　　　　　B. 梯形图

    C. 指令表　　　　　　　　　　　D. 软元件

105. 以下 PLC 梯形图实现的功能是（　　）。

A. 两地控制　　　B. 双线圈输出　　　　C. 多线圈输出　　　　D. 以上都不对

106. 劳动安全卫生管理制度对未成年工给予了特殊的劳动保护，这其中的未成年工是指年满（　　）未满 18 周岁的人。

  A. 14 周岁　　　　B. 15 周岁　　　　　C. 16 周岁　　　　　D. 17 周岁

107. PLC 输入模块的故障处理方法不正确的是（　　）。

  A. 有输入信号但是输入模块指示灯不亮时应检查是否输入直流电源正负极接反

  B. 指示器不亮，万用表检查有电压，直接说明输入模块烧毁了

  C. 出现输入故障时，首先检查 LED 电源指示器是否响应现场元件（如按钮、行程开关等）

  D. 若一个 LED 逻辑指示器变暗，而且根据编程器件监视器，处理器未识别输入，则输入模块可能存在故障

108. 测绘 T68 镗床电气控制主电路图时要画出电源开关 QS、（　　）、接触器 KM1 ~ KM7、热继电器 FR、电动机 M1 和 M2 等。

  A. 按钮 SB1 ~ SB5　　　　　　　　B. 行程开关 SQ1 ~ SQ8

  C. 熔断器 FU1 和 FU2　　　　　　　D. 中间继电器 KA1 和 KA2

109. 以下 FX2N 可编程序控制器控制电动机星三角启动时，（　　）是三角形启动输出继电器。

  A. Y0 和 Y1　　　B. Y0 和 Y2　　　　C. Y1 和 Y2　　　　D. Y2

110. 下列不属于常用输出电子单元电路的功能有（　　）。

  A. 取信号能力强　　　　　　　　　B. 带负载能力强

  C. 具有功率放大　　　　　　　　　D. 输出电流较大

111. 在转速电流双闭环调速系统中，调节给定电压，电动机转速有变化，但电枢电压很低，此故障的可能原因是（　　）。

  A. 主电路晶闸管损坏　　　　　　　B. 晶闸管触发角太小

  C. 速度调节器电路故障　　　　　　D. 电流调节器电路故障

112. 基尔霍夫定律的节点电流定律也适合任意（　　）。

  A. 封闭面　　　B. 短路　　　　C. 开路　　　　D. 连接点

113. T68 镗床的进给电动机采用了（   ）方法。

    A. 频敏变阻器启动　　　　　　　　　B. 全压启动

    C. Ｙ－△启动　　　　　　　　　　　D. △－ＹＹ启动

114. 在以下 FX2N PLC 程序中，当 Y1 得电后，（   ）还可以得电。

    A. Y2　　　　　　B. Y3　　　　　　C. Y4　　　　　　D. 以上都可以

115. T68 镗床电气控制主电路由电源开关 QS、（   ）、接触器 KM1 ~ KM7、热继电器 FR、电动机 M1 和 M2 等组成。

    A. 速度继电器 KS　　　　　　　　　B. 熔断器 FU1 和 FU2

    C. 行程开关 SQ1 ~ SQ8　　　　　　D. 时间继电器 KT

116. X62W 铣床的进给电动机 M2 采用了（   ）启动方法。

    A. 定子串电抗器　　　　　　　　　　B. 自耦变压器

    C. 全压　　　　　　　　　　　　　　D. 转子串频敏变阻器

117. 下列说法中，不符合语言规范具体要求的是（   ）。

    A. 语感自然，不呆板　　　　　　　　B. 用尊称，不用忌语

    C. 语速适中，不快不慢　　　　　　　D. 多使用幽默语言，调节气氛

118. T68 镗床的主轴电动机 M1 采用了（   ）的停车方法。

    A. 能耗制动　　　B. 反接制动　　　C. 电磁抱闸制动　　　D. 机械摩擦制动

119. FX2N 系列可编程序控制器在使用计数器指令时需要配合使用（   ）指令。

    A. SET　　　　　B. MCR　　　　　C. PLS　　　　　D. RST

120. PLC 与计算机通信设置的内容是（   ）。

    A. 输出设置　　　B. 输入设置　　　C. 串口设置　　　D. 以上都是

121. 异步测速发电机的误差主要有：线性误差、剩余电压、相位误差。为减小线性误差，交流异步测速发电机都采用（   ），从而可忽略转子漏抗。

    A. 电阻率大的铁磁性空心杯转子　　　B. 电阻率小的铁磁性空心杯转子

    C. 电阻率小的非磁性空心杯转子　　　D. 电阻率大的非磁性空心杯转子

122. 20/5 t 桥式起重机接通电源，扳动凸轮控制器手柄后，电动机不转动的可能原因是（   ）。

    A. 电阻器 $R_1 ~ R_5$ 的初始值过小　　　B. 凸轮控制器主触点接触不良

    C. 熔断器 FU1 ~ FU2 太粗　　　　　D. 热继电器 FR1 ~ FR5 额定值过小

123. 三相半控桥式整流电路由三只晶闸管和（   ）功率二极管组成。

    A. 一只　　　　　B. 二只　　　　　C. 三只　　　　　D. 四只

124. 三相半波可控整流电路大电感负载无续流管的控制角 α 移相范围是（　　　）。
　　　A. 0°～120°　　　B. 0°～150°　　　C. 0°～90°　　　D. 0°～60°

125. 下列选项中，关于职业道德与人生事业成功的关系的正确论述是（　　　）。
　　　A. 职业道德是人生事业成功的重要条件
　　　B. 职业道德水平高的人肯定能够取得事业的成功
　　　C. 缺乏职业道德的人更容易获得事业的成功

126. 控制系统对直流测速发电机的要求有：（　　　）。
　　　A. 输出电压与转速呈线性关系、正反转特性一致
　　　B. 输出灵敏度低、输出电压纹波小
　　　C. 发电机的惯性大、输出灵敏度高
　　　D. 输出电压与转速呈线性关系、发电机的惯性大

127. 组合逻辑电路的设计是（　　　）。
　　　A. 根据已有电路图进行分析　　　　　B. 找出对应的输入条件
　　　C. 根据逻辑结果进行分析　　　　　　D. 画出对应的输出时序图

128. 三相半波可控整流电路电阻负载，保证电流连续的最大控制角 α 是（　　　）。
　　　A. 20°　　　　B. 30°　　　　C. 60°　　　　D. 90°

129. KC04 集成触发电路由锯齿波形成、（　　　）、脉冲形成及整形放大输出等环节组成。
　　　A. 三角波控制　　　B. 移相控制　　　C. 方波控制　　　D. 偏置角形成

130. 三相可控整流触发电路调试时，要使三相锯齿波的波形高度一致，斜率相同，相位互差（　　　）。
　　　A. 60°　　　　B. 120°　　　　C. 90°　　　　D. 180°

131. 市场经济条件下，不符合爱岗敬业要求的是（　　　）的观念。
　　　A. 树立职业理想　　　　　　　　　　B. 强化职业责任
　　　C. 干一行爱一行　　　　　　　　　　D. 多转行多跳槽

132. 时序逻辑电路的数码寄存器结果与输入不同，是（　　　）有问题。
　　　A. 清零端　　　B. 送数端　　　C. 脉冲端　　　D. 输出端

133. 三相桥式可控整流电路电阻性负载的输出电压波形，在控制角 α =（　　　）时，有电压输出部分等于无电压输出部分。
　　　A. 30°　　　　B. 60°　　　　C. 90°　　　　D. 120°

134. X62W 铣床电气线路的控制电路由控制变压器 TC、熔断器 FU2～FU3、按钮 SB1～SB6、（　　　）、速度继电器 KS、转换开关 SA1～SA3、热继电器 FR1～FR3 等组成。
　　　A. 电动机 M1～M3　　　　　　　　　B. 位置开关 SQ1～SQ7
　　　C. 快速移动电磁铁 YA　　　　　　　D. 电源总开关 QS

135. 调速系统开机时电流调节器 ACR 立刻限幅，电动机速度达到最大值或电动机忽转忽停出现振荡，可能的原因是（　　　）。
　　　A. 系统受到严重干扰　　　　　　　　B. 励磁电路故障
　　　C. 限幅电路没整定好　　　　　　　　D. 反馈极性错误

136. 设置变频器的电动机参数时，要与电动机铭牌数据（　　　）。
　　　A. 完全一致　　　　　　　　　　　　B. 基本一致

    C. 可以不一致   D. 根据控制要求变更

137. 电位是相对量，随参考点的改变而改变，而电压是（   ），不随参考点的改变而改变。

    A. 衡量   B. 变量   C. 绝对量   D. 相对量

138. 根据劳动法的有关规定，（   ），劳动者可以随时通知用人单位解除劳动合同。

    A. 在试用期间被证明不符合录用条件的

    B. 严重违反劳动纪律或用人单位规章制度的

    C. 严重失职、营私舞弊，对用人单位利益造成重大损害的

    D. 在试用期内

139. 测绘 T68 镗床电器位置图时，重点要画出两台电动机、电源总开关、（   ）、行程开关以及电器箱的具体位置。

    A. 接触器   B. 熔断器   C. 按钮   D. 热继电器

140. 集成译码器 74LS47 可点亮（   ）显示器。

    A. 共阴七段   B. 共阳七段   C. 液晶   D. 等离子

141. 以下 PLC 梯形图实现的功能是（   ）。

    A. 点动控制   B. 启保停控制   C. 双重联锁   D. 顺序启动

142. 实际的 PI 调节器电路中常有锁零电路，其作用是（   ）。

    A. 停车时使 PI 调节器输出饱和   B. 停车时发出制动信号

    C. 停车时发出报警信号   D. 停车时防止电动机爬动

143. 职业纪律是从事这一职业的员工应该共同遵守的行为准则，它包括的内容有（   ）。

    A. 交往规则   B. 操作程序   C. 群众观念   D. 外事纪律

144. 在以下 FX2N PLC 程序中，X0 闭合后经过（   ）时间延时，Y0 得电。

    A. 3 000 s   B. 300 s   C. 30 000 s   D. 3 100 s

145. 20/5 t 桥式起重机的主电路中包含了电源开关 QS、交流接触器 KM1 ~ KM4、（   ）、电动机 M1 ~ M5、电磁制动器 YB1 ~ YB6、电阻器 R_1 ~ R_5、过电流继电器等。

    A. 限位开关 SQ1 ~ SQ4   B. 欠电压继电器 KV

    C. 凸轮控制器 SA1 ~ SA3   D. 熔断器 FU2

146. 集成计数器 74LS161 是（   ）计数器。

A. 二进制同步可预置　　　　　　　　　　B. 二进制异步可预置

C. 二进制同步可清零　　　　　　　　　　D. 二进制异步可清零

147. X62W 铣床工作台的终端极限保护由（　　）实现。

A. 速度继电器　　B. 位置开关　　　　　C. 控制手柄　　　　　　D. 热继电器

148. 测速发电机产生误差的原因很多，主要有：（　　）、电刷与换向器的接触电阻和接触电压、换向纹波、火花和电磁干扰等。

A. 电枢反应、电枢电阻　　　　　　　　　B. 电枢电阻

C. 电枢反应、延迟换向　　　　　　　　　D. 换向纹波、机械联轴器松动

149. 若干电阻（　　）后的等效电阻比每个电阻值大。

A. 串联　　　　　B. 混联　　　　　　　C. 并联　　　　　　　　D. 星三角形连接

150. 　　表示编程语言的（　　）。

A. 转换　　　　　B. 编译　　　　　　　C. 注释　　　　　　　　D. 改写

151. 20/5 t 桥式起重机电气线路的控制电路中包含了主令控制器 SA4、紧急开关 QS4、（　　）、过电流继电器 KC1 ~ KC5、限位开关 SQ1 ~ SQ4、欠电压继电器 KV 等。

A. 电动机 M1 ~ M5　　　　　　　　　　B. 启动按钮 SB

C. 电磁制动器 YB1 ~ YB6　　　　　　　D. 电阻器 $R_1 ~ R_5$

152. 电气控制线路图测绘的方法是先画主电路，再画控制电路；（　　）；先画主干线，再画各支路；先简单后复杂。

A. 先画机械，再画电气　　　　　　　　　B. 先画电气，再画机械

C. 先画输入端，再画输出端　　　　　　　D. 先画输出端，再画输入端

153. 有 "220 V、100 W" 和 "220 V、25 W" 白炽灯两盏，串联后接入 220 V 交流电源，其亮度情况是（　　）。

A. 100 W 灯泡最亮　　　　　　　　　　B. 25 W 灯泡最亮

C. 两只灯泡一样亮　　　　　　　　　　D. 两只灯泡一样暗

154. 以下 FX2N 系列可编程序控制器程序，实现的功能是（　　）。

A. X0 停止　　　　　　　　　　　　　　B. X1 启动

C. 等同于启保停控制　　　　　　　　　　D. Y0 不能得电

155. 用万用表检测某二极管时，发现其正、反电阻均约等于 1 kΩ，说明该二极管（　　）。

A. 已经击穿　　B. 完好状态　　　C. 内部老化不通　　D. 无法判断

156. 测绘 X62W 铣床电气控制主电路图时要画出电源开关 QS、（　　）、接触器 KM1 ~ KM6、热继电器 FR1 ~ FR3、电动机 M1 ~ M3 等。

A. 按钮 SB1 ~ SB6　　　　　　　　　　B. 行程开关 SQ1 ~ SQ7

C. 熔断器 FU1　　　　　　　　　　　　D. 转换开关 SA1 ~ SA2

157. 若理想微分环节的输入为单位阶跃，则其输出的单位阶跃响应是一个（　　）。

A. 脉冲函数　　　B. 一次函数　　　　　C. 正弦函数　　　　　　D. 常数

158. 跨步电压触电，触电者的症状是（　　　）。

    A. 脚发麻 　　　　　　　　　　　B. 脚发麻、抽筋并伴有跌倒在地

    C. 腿发麻 　　　　　　　　　　　D. 以上都是

159. 三相半控桥式整流电路电感性负载晶闸管承受的最高电压是相电压 U2 的（　　　）倍。

    A. EMBEDEquation. 3 　　　　　　B. EMBEDEquation. 3

    C. EMBEDEquation. 3 　　　　　　D. EMBEDEquation. 3

160. （　　　）由于它的机械特性接近恒功率特性，低速时转矩大，故广泛用于电动车辆牵引。

    A. 串励直流电动机 　　　　　　　B. 并励直流电动机

    C. 交流异步电动机 　　　　　　　D. 交流同步电动机

二、判断题（第 161 题～第 200 题，每题 0.5 分，共 20 分。）

161. （　　　）在自动控制系统中 PI 调节器作校正电路用，以保证系统的稳定性和控制精度。

162. （　　　）直流测速发电机的工作原理与一般直流发电机不同。

163. （　　　）PLC 编程软件模拟时可以通过时序图仿真模拟。

164. （　　　）异步测速发电机的杯形转子是由铁磁材料制成，当转子不转时，励磁后由杯形转子电流产生的磁场与输出绕组轴线垂直，因此输出绕组中的感应电动势一定为零。

165. （　　　）通用全数字直流调速器的控制系统可以根据用户自己的需求，通过软件任意组态一种控制系统，满足不同用户的需求。组态后的控制系统参数，通过调速器能自动优化，节省了现场调试时间，提高了控制系统的可靠性。

166. （　　　）当 RS232 通信线损坏时有可能导致程序无法上载。

167. （　　　）PLC 外围出现故障一定不会影响程序正常运行。

168. （　　　）PLC 程序的检测方法如下。

169. （　　　）PLC 电源模块的常见故障就是没有电，指示灯不亮。

170. （　　　）积分调节器输出量的大小与输入偏差量成正比。

171. （　　　）PLC 的梯形图是编程语言中最常用的。

172. （　　　）晶闸管交流调压电路输出的电压波形是非正弦波，导通角越小，波形与正弦波差别越大。

173. （　　　）PLC 编程软件安装时，先进入相应文件夹，再单击安装。

174. （　　　）三相半控 Y 形调压调速系统，其电路中除有奇次谐波外还有偶次谐波，将产生与电动机基波转矩相反的转矩，使电动机输出转矩减小。

175. （　　　）PLC 的选择是 PLC 控制系统设计的核心内容。

176. （　　　）电动机与变频器的安全接地必须符合电力规范，接地电阻小于 4 Ω。

177. （　　　）一般来说，对启动转矩小于 60% 额定转矩的负载，宜采用软启动器。

178. （　　　）调速系统的静态技术指标主要是静差率、调速范围和调速平滑性。

179. （　　　）轻载启动时变频器跳闸的原因是变频器输出电流过大引起的。

180. （　　　）PLC 程序可以检查错误的指令。

181. （　　　）步进电动机的主要特点是能实现精确定位、精确位移且无积累误差。

182. （　　　）合理设定与选择保护功能，可使变频调速系统长期安全可靠使用、减少故障发生。保护功能可分软件保护和硬件保护两大类。硬件保护可用软件保护来替代。

183. （　　　）所谓反馈原理，就是通过比较系统行为（输出）与期望行为之间的偏差，并消除偏差以获得预期的系统性能。

184. （　　　）输出软元件不能强制执行。

185. （　　　）转速负反馈调速系统中必有放大器。

186. （　　　）转速电流双闭环调速系统启动时，给定电位器必须从零位开始缓加电压，防止电动机过载损坏。

187. （　　　）微分环节的作用是阻止被控总量的变化，偏差刚产生时就发生信号进行调节，故有超前作用，能克服调节对象和传感器惯性的影响，抑制超调。

188. （　　　）当出现参数设置类故障时，可以根据故障代码或说明书进行修改，也可恢复出厂值，重新设置。

189. （　　　）转速电流双闭环直流调速系统中电动机的励磁若接反，则会使反馈极性错误。

190. （　　　）步进电动机的选用应注意：根据系统的特点选用步进电动机的类型、转矩足够大以便带动负载、合适的步距角、合适的精度、根据编程的需要选择脉冲信号的频率。

191. （　　　）转速电流双闭环调速系统中，要确保反馈极性正确，应构成负反馈，避免出现正反馈，造成过流故障。

192. （　　　）PLC 不能遥控运行。

193. （　　　）直流调速装置安装前应仔细检查：主电源电压、电枢电压和电流额定值、磁场电压和电流额定值与控制器所提供是否一致；检查电动机铭牌数据是否与控制器相配。

194. （　　　）自动调速系统中比例环节又称放大环节，它的输出量与输入量是一个固定的比例关系，但会引起失真和时滞。

195. （　　　）采用全控器件构成的直流 PWM 调速系统，具有线路简单、调速范围宽、动态性能好、功耗低、效率高和功率因数高等一系列优点。

196. （　　　）电压负反馈调速系统中必有放大器。

197. （　　　）PLC 程序上载时要处于 STOP 状态。

198. （　　　）PLC 输出模块常见的故障包括供电电源故障、端子接线故障、模板安装故障、现场操作故障等。

199. （　　）PLC 无法输入信号，输入模块指示灯不亮是输入模块的常见故障。

200. （　　）变频器输出端与电动机之间最好接电容器以改善功率因素或吸收浪涌电流。

模拟试题（二）

一、单项选择（第 1 题～第 160 题，每题 0.5 分，共 80 分。）

1. 下图是 PLC 编程软件中的（　　）按钮。

  A. 仿真按钮   B. 强制按钮   C. 读取按钮   D. 写入按钮

2. 在市场经济条件下，职业道德具有（　　）的社会功能。

  A. 鼓励人们自由选择职业   B. 遏制牟利最大化

  C. 促进人们的行为规范化   D. 最大限度地克服人们受利益驱动

3. X62W 铣床电气线路的控制电路由控制变压器 TC、熔断器 FU2～FU3、（　　）、位置开关 SQ1～SQ7、速度继电器 KS、转换开关 SA1～SA3、热继电器 FR1～FR3 等组成。

  A. 按钮 SB1～SB6   B. 电动机 M1～M3

  C. 快速移动电磁铁 YA   D. 电源总开关 QS

4. （　　）程序的检查内容有指令检查、梯形图检查、软元件检查等。

  A. PLC   B. 单片机   C. DSP   D. 以上都没有

5. T68 镗床进给电动机的启动由（　　）控制。

  A. 行程开关 SQ7 和 SQ8   B. 按钮 SB1～SB4

  C. 时间继电器 KT   D. 中间继电器 KA1 和 KA2

6. X62W 铣床的（　　）采用了反接制动的停车方法。

  A. 主轴电动机 M1   B. 进给电动机 M2

  C. 冷却泵电动机 M3   D. 风扇电动机 M4

7. X62W 铣床的冷却泵电动机 M3 采用了（　　）启动方法。

  A. 定子串电抗器   B. 自耦变压器

  C. Y－△   D. 全压

8. 在 X0 按下过程中，以下程序运行时（　　）。

```
     X000   X001
0  ──┤↑├───┤／├──────────────────────────( Y000 )
    Y000
   ──┤├──

     X000   X001
5  ──┤├────┤／├───────────────────────────( Y001 )
    Y001
   ──┤├──
```

A. Y1 先得电   B. Y0 先得电   C. Y0、Y1 同时得电   D. 两行没有区别

9. （   ）是直流调速系统的主要控制方案。

    A. 改变电源频率   B. 调节电枢电压

    C. 改变电枢回路电阻 R D. 改变转差率

10. FX2N 系列可编程序控制器的上升沿脉冲指令，可以（   ）。

    A. 配合高速计数器   B. 隔离电源干扰

    C. 防止输入信号消失   D. 防止输入信号抖动

11. X62W 铣床的主电路由（   ）、熔断器 FU1、接触器 KM1 ~ KM6、热继电器 FR1 ~ FR3、电动机 M1 ~ M3、快速移动电磁铁 YA 等组成。

    A. 位置开关 SQ1 ~ SQ7   B. 按钮 SB1 ~ SB6

    C. 速度继电器 KS   D. 电源总开关 QS

12. PLC 编程软件的功能不包括（   ）。

    A. 指令转化梯形图   B. 输出波形图

    C. 程序上载   D. 监控仿真

13. PLC 中 "BATT" 灯出现红色表示（   ）。

    A. 过载   B. 短路   C. 正常   D. 故障

14. 在使用 FX2N 可编程序控制器控制多速电动机运行时，Y0 和 Y1 是（   ）。

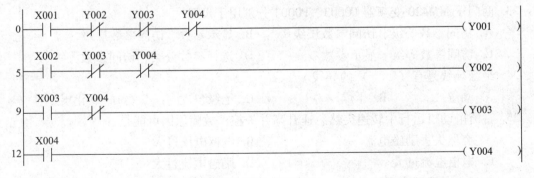

    A. Y0 运行 1 s   B. Y0、Y1 同时运行

    C. Y1 运行 1 s   D. Y1 停止运行 1 s 后，Y0 启动

15. 在以下 FX2N PLC 程序中，优先信号级别最低的是（   ）。

    A. X1   B. X2   C. X3   D. X4

16. PLC 控制系统设计的步骤是（   ）。

①正确选择 PLC 来保证控制系统的技术和经济性能指标

②深入了解控制对象及控制要求

③系统交付前，要根据调试的最终结果整理出完整的技术文件

④PLC 进行模拟调试和现场调试

    A. ②→①→④→③   B. ①→②→④→③

    C. ④→②→①→③   D. ①→③→②→④

17. 当 74LS94 的控制信号为 11 时，该集成移位寄存器处于（　　）状态。

    A. 左移   B. 右移   C. 保持   D. 并行置数

18. 三相半波可控整流电路大电感负载无续流管的最大导通角 θ 是（　　）。

    A. 60°   B. 90°   C. 150°   D. 120°

19. PLC 监控不到的是（　　）。

    A. 本机输入量   B. 本地输出量

    C. 计数状态   D. 上位机的状态

20. 步进电动机的速度与（　　）有关。

    A. 环境温度   B. 负载变化

    C. 与驱动电源电压的大小   D. 脉冲频率

21. 点接触型二极管可工作于（　　）电路。

    A. 高频   B. 低频   C. 中频   D. 全频

22. 以下 FX2N 可编程序控制器程序实现的是（　　）功能。

    A. Y0 延时 10 s 接通，延时 10 s 断开   B. Y0 延时 10 s 接通，延时 15 s 断开

    C. Y0 延时 5 s 接通，延时 5 s 断开   D. Y0 延时 10 s 接通，延时 5 s 断开

23. 西门子 MM420 变频器 P0003、P0004 分别用于设置（　　）。

    A. 访问参数等级、访问参数层级   B. 显示参数、访问参数层级

    C. 访问参数等级、显示参数   D. 选择参数分类、访问参数等级

24. 绝缘导线是有（　　）的导线。

    A. 潮湿   B. 干燥   C. 绝缘包皮   D. 氧化层

25. 直流电动机运行中转速突然急速升高并失控，故障原因可能是（　　）。

    A. 突然失去励磁电流   B. 电枢电压过大

    C. 电枢电流过大   D. 励磁电流过大

26. 电压负反馈调速系统对（　　）有补偿能力。

    A. 励磁电流的扰动   B. 电刷接触电阻扰动

    C. 检测反馈元件扰动   D. 电网电压扰动

27. 单相桥式可控整流电路大电感负载有续流管的输出电压波形中，在控制角 $\alpha =$（　　）时，有输出电压的部分等于没有输出电压的部分。

A. 90°　　　　　　B. 120°　　　　　　C. 150°　　　　　　D. 180°

28. 下列选项中属于职业道德作用的是（　　　）。

    A. 增强企业的凝聚力　　　　　　　　　B. 增强企业的离心力

    C. 决定企业的经济效益　　　　　　　　D. 增强企业员工的独立性

29. 人体触电后，会出现（　　　）。

    A. 神经麻痹　　　B. 呼吸中断　　　　C. 心脏停止跳动　　　D. 以上都是

30. 三相可控整流触发电路调试时，要使每相输出的两个窄脉冲（双脉冲）之间相差（　　　）。

    A. 60°　　　　　　B. 120°　　　　　　C. 90°　　　　　　D. 180°

31. X62W 铣床进给电动机 M2 的（　　　）有上、下、前、后、中五个位置。

    A. 前后（横向）和升降十字操作手柄

    B. 左右（纵向）操作手柄

    C. 高低速操作手柄

    D. 启动制动操作手柄

32. 20/5 t 桥式起重机接通电源，扳动凸轮控制器手柄后，电动机不转动的可能原因是（　　　）。

    A. 电动机的定子或转子回路开路　　　　B. 熔断器 FU1 ~ FU2 太粗

    C. 电阻器 R_1 ~ R_5 的初始值过小　　　　D. 热继电器 FR1 ~ FR5 额定值过小

33. 台钻钻夹头的松紧必须用专用（　　　），不准用锤子或其他物品敲打。

    A. 工具　　　　　B. 扳子　　　　　　C. 钳子　　　　　　D. 钥匙

34. 时序逻辑电路的置数端有效，则电路为（　　　）状态。

    A. 计数　　　　　B. 并行置数　　　　C. 置 1　　　　　　D. 清 0

35. 下列不属于常用稳压电源电子单元电路的功能有（　　　）。

    A. 输出电压稳定　　　　　　　　　　　B. 抗干扰能力强

    C. 具有一定过载能力　　　　　　　　　D. 波形失真小

36. 三相半控桥式整流电路电阻性负载晶闸管承受的最高电压是相电压 U_2 的（　　　）倍。

    A. EMBEDEquation. 3　　　　　　　B. EMBEDEquation. 3

    C. EMBEDEquation. 3　　　　　　　D. EMBEDEquation. 3

37. 在使用 FX2N 可编程序控制器控制磨床运行时，X2 为启动开关，启动时（　　　）。

A. Y2 必须得电　　　　　　　　　　B. X4 必须得电

C. Y5 和 X15 都要得电　　　　　　　D. 只需 X5 闭合

38. 自动调速系统稳态时，积分调节器中积分电容器两端电压（　　　）。

A. 一定为零　　　　　　　　　　　B. 不确定

C. 等于输入电压　　　　　　　　　D. 保持在输入信号为零前的对偏差的积分值

39. 钢丝钳（电工钳子）一般用在（　　　）操作的场合。

A. 低温　　　　B. 高温　　　　C. 带电　　　　D. 不带电

40. ▦ 表示编程语言的（　　　）。

A. 输入　　　　B. 转换　　　　C. 仿真　　　　D. 监视

41. PLC 输出模块没有输出信号可能是（　　　）造成的。

①输出供电有问题　　　　　　　　　②输出电路出现断路，接线有松动

③输出模块安装时出现问题　　　　　④输出模块的元器件损坏

A. ①②③④　　　B. ②③④　　　C. ①③④　　　D. ①②④

42. 电气控制线路图测绘的方法是（　　　）；先画输入端，再画输出端；先画主干线，再画各支路；先简单后复杂。

A. 先画机械，再画电气　　　　　　B. 先画电气，再画机械

C. 先画控制电路，再画主电路　　　D. 先画主电路，再画控制电路

43. 组合逻辑电路常采用的分析方法有（　　　）。

A. 逻辑代数化简　　　　　　　　　B. 真值表

C. 逻辑表达式　　　　　　　　　　D. 以上都是

44. 为了促进企业的规范化发展，需要发挥企业文化的（　　　）功能。

A. 娱乐　　　　B. 主导　　　　C. 决策　　　　D. 自律

45. 电气控制线路图测绘的一般步骤是设备停电，先画电器布置图，再画电器接线图，最后画出（　　　）。

A. 电气原理图　　B. 电机位置图　　C. 设备外形图　　D. 按钮布置图

46. 在以下 FX2N PLC 程序中，X0 闭合后经过（　　　）时间延时，Y0 得电。

```
      X000    T12                                          K3000
0  ─┤├──────┤/├────────────────────────────────────────( T12 )

      T12                                                 K100
5  ─┤├──────────────────────────────────────────────────( C10 )

      C10
9  ─┤├──────────────────────────────────────────────────( Y000 )
```

A. 300 000 s　　B. 3 000 s　　　C. 100 s　　　D. 30 000 s

47. 电气控制线路测绘中发现有掉线或接线错误时，应该首先（　　　）。

A. 做好记录　　B. 把线接上　　C. 断开电源　　D. 安全接地

48. 如图所示为（　　　）符号。

VD

A. 光敏二极管　　B. 整流二极管　　　C. 稳压二极管　　　D. 普通二极管

49. 在转速电流双闭环调速系统中，调节速度给定电压，电动机转速不变化。此故障的可能原因是（　　）。

A. 晶闸管触发电路故障　　　　B. PI 调节器限幅值整定不当

C. 主电路晶闸管损坏　　　　　D. 电动机励磁饱和

50. 组合逻辑电路的译码器功能有（　　）。

A. 变量译码器　　B. 显示译码器　　　C. 数码译码器　　　D. 以上都是

51. 测绘 X62W 铣床电器位置图时要画出（　　）、电动机、按钮、行程开关、电器箱等在机床中的具体位置。

A. 接触器　　　　B. 熔断器　　　　　C. 热继电器　　　　D. 电源开关

52. T68 镗床的（　　）采用了反接制动的停车方法。

A. 主轴电动机 M1　　　　　　B. 进给电动机 M2

C. 冷却泵电动机 M3　　　　　D. 风扇电动机 M4

53. 一片集成二—十进制计数器 74L160 可构成（　　）进制计数器。

A. 二至十间的任意　　　　　B. 五

C. 十　　　　　　　　　　　D. 二

54. 以下 FX2N 可编程序控制器控制电动机星三角启动时，星形切换到三角形延时（　　）。

A. 1 s　　　　　　B. 2 s　　　　　　C. 3 s　　　　　　D. 4 s

55. 测绘 T68 镗床电气线路的控制电路图时要正确画出控制变压器 TC、（　　）、行程开关 SQ1～SQ8、中间继电器 KA1 和 KA2、速度继电器 KS、时间继电器 KT 等。

A. 按钮 SB1～SB5　　　　　B. 电动机 M1 和 M2

C. 熔断器 FU1 和 FU2　　　　D. 电源开关 QS

56. 三极管的功率大于等于（　　）为大功率管。

A. 1 W　　　　　　B. 0.5 W　　　　　C. 2 W　　　　　　D. 1.5 W

57. 下面描述的项目中，（　　）是电工安全操作规程的内容。

A. 及时缴纳电费

B. 禁止电动自行车上高架桥

C. 上班带好雨具

D. 高低压各型开关调试时，悬挂标志牌，防止误合闸

58. 以下 PLC 梯形图实现的功能是（　　）。

```
        X000      X001
   0 ───┤ ├──────┤/├────────────────────────────( Y000 )
        │
        │ Y000
        └──┤ ├──
```

    A. 位置控制　　　　B. 联锁控制　　　　　C. 启保停控制　　　　D. 时间控制

59. X62W 铣床手动旋转圆形工作台时必须将圆形工作台转换开关 SA1 置于（　　）。

    A. 左转位置　　　　B. 右转位置　　　　C. 接通位置　　　　　D. 断开位置

60. 以下 PLC 梯形图实现的功能是（　　）。

```
        X000      X001      X002
   0 ───┤ ├──────┤/├──────┤/├─────────────────────( Y000 )
        │
        │ X003
        ├──┤ ├──
        │
        │ Y000
        └──┤ ├──
```

    A. 两地控制　　　　B. 多线圈输出　　　　C. 双线圈输出　　　　D. 以上都不对

61. 西门子 MM400 系列变频器把全部参数分成 10 大类，每类又分（　　）个层级。

    A. 4　　　　　　　　B. 3　　　　　　　　C. 2　　　　　　　　D. 5

62. 三相半控桥式整流电路由三只共阴极晶闸管和三只（　　）功率二极管组成。

    A. 共阴极　　　　　B. 共阳极　　　　　C. 共基极　　　　　　D. 共门极

63. 以下 FX2N PLC 程序中存在的问题（　　）。

```
        X000      X001
   0 ───┤↑├──────┤/├──────────────────────────[SET    Y000 ]
        │
        │ Y000
        └──┤ ├──
```

    A. 要串联 Y0 常闭点

    B. 要并联 X1 常开点

    C. 不能使用 X0 上升沿指令

    D. 不需要串联 X1 停止信号，不需要 Y0 触点保持

64. 常用的绝缘材料包括：（　　）、液体绝缘材料和固体绝缘材料。

    A. 木头　　　　　　B. 气体绝缘材料　　C. 胶木　　　　　　　D. 玻璃

65. X62W 铣床（　　）的冲动控制是由位置开关 SQ6 接通反转接触器 KM4 一下。

    A. 冷却泵电动机 M3　　　　　　　　　　B. 风扇电动机 M4

    C. 主轴电动机 M1　　　　　　　　　　　D. 进给电动机 M2

66. 实际的直流测速发电机一定存在某种程度的非线性误差，CYD 系列永磁式低速直流

测速发电机的线性误差为（　　　）。

  A. 1% ~5% B. 0.5% ~1% C. 0.1% ~ 0.25% D. 0.01% ~ 0.1%

67. 以下不属于 PLC 与计算机正确连接方式的是（　　　）。

  A. RS232 通信线连接   B. 网络连接

  C. RS485 通信连接   D. 以上都不可以

68. 晶闸管触发电路所产生的触发脉冲信号必须要（　　　）。

  A. 与主电路同步   B. 有一定的电抗

  C. 有一定的电位   D. 有一定的频率

69. 一般电路由电源、（　　　）和中间环节三个基本部分组成。

  A. 负载   B. 电压   C. 电流   D. 电动势

70. 当 74LS94 的 Q0 经非门的输出与 SL 相连时，电路实现的功能为（　　　）。

  A. 左移扭环形计数器   B. 右移扭环形计数器

  C. 保持   D. 并行置数

71. 双闭环调速系统中，当电网电压波动时，几乎不对转速产生影响，这主要依靠（　　　）的调节作用。

  A. ACR 及 ASR B. ACR   C. ASR   D. 转速负反馈电路

72. 当二极管外加的正向电压超过死区电压时，电流随电压增加而迅速（　　　）。

  A. 增加   B. 减小   C. 截止   D. 饱和

73. 自动调速系统中转速反馈系数过大会引起（　　　）。

  A. 系统稳态指标下降   B. 系统最高转速下降

  C. 系统最高转速过高   D. 电动机停转

74. 三相半波可控整流电路电阻负载，每个晶闸管电流平均值是输出电流平均值的（　　　）。

  A. 1/3   B. 1/2   C. 1/6   D. 1/4

75. 测绘 T68 镗床电气控制主电路图时要画出（　　　）、熔断器 FU1 和 FU2、接触器 KM1 ~ KM7、热继电器 FR、电动机 M1 和 M2 等。

  A. 按钮 SB1 ~ SB5   B. 行程开关 SQ1 ~ SQ8

  C. 中间继电器 KA1 和 KA2   D. 电源开关 QS

76. PLC 程序下载时应注意（　　　）。

  A. 可以不用数据线   B. PLC 不能断电

  C. 关闭计算机   D. 以上都不是

77. 三相桥式可控整流电路电阻性负载的输出电流波形，在控制角 $\alpha >$（　　　）时出现断续。

  A. 30°   B. 45°   C. 60°   D. 90°

78. 变频器轻载低频运行，启动时过电流报警，此故障的原因可能是（　　　）。

  A. U/f 比设置过高   B. 电动机故障

  C. 电动机参数设置不当   D. 电动机容量小

79. 微分环节和积分环节的传递函数（　　　）。

  A. 互为倒数 B. 互为约数   C. 线性关系   D. 不相关

80. 集成或非门被封锁，应检查其多余引脚是否接了（　　　）。

A. 悬空   B. 高电平   C. 低电平   D. 并接

81. FX2N 系列可编程序控制器在使用计数器指令时需要配合使用（   ）指令。

A. STL   B. RST   C. OUT   D. PLS

82. （   ）适用于狭长平面以及加工余量不大时的锉削。

A. 顺向锉   B. 交叉锉   C. 推锉   D. 曲面锉削

83. 集成译码器 74LS48 可点亮（   ）显示器。

A. 共阴七段   B. 共阳七段   C. 液晶   D. 等离子

84. 劳动者的基本权利包括（   ）等。

A. 完成劳动任务   B. 提高生活水平

C. 执行劳动安全卫生规程   D. 享有社会保险和福利

85. 三相桥式可控整流电路电感性负载无续流管的输出电压波形，在控制角 $\alpha >$（   ）时会出现负电压部分。

A. 20°   B. 30°   C. 45°   D. 60°

86. 使用扳手拧螺母时应该将螺母放在扳手口的（   ）。

A. 前部   B. 后部   C. 左边   D. 右边

87. 三相全控桥式整流电路由三只共阴极晶闸管与三只共阳极（   ）组成。

A. 场效应管   B. 二极管   C. 三极管   D. 晶闸管

88. 下列选项不是 PLC 控制系统设计原则的是（   ）。

A. 保证控制系统的安全、可靠

B. 最大限度地满足生产机械或生产流程对电气控制的要求

C. 在选择 PLC 时要求输入输出点数全部使用

D. 在满足控制系统要求的前提下，力求使系统简单、经济、操作和维护方便

89. 20/5 t 桥式起重机的主钩电动机选用了（   ）的交流电动机。

A. 绕线转子   B. 鼠笼转子

C. 双鼠笼转子   D. 换向器式

90. T68 镗床的（   ）采用了 △ - YY 变极调速方法。

A. 风扇电动机   B. 冷却泵电动机

C. 主轴电动机   D. 进给电动机

91. 集成或非门的多余引脚（   ）时，或非门被封锁。

A. 悬空   B. 接高电平   C. 接低电平   D. 并接

92. 转速负反馈调速系统对检测反馈元件和给定电压造成的转速扰动（   ）补偿能力。

A. 有   B. 没有

C. 对前者有补偿能力，对后者无   D. 对前者无补偿能力，对后者有

93. 20/5 t 桥式起重机的保护电路由紧急开关 QS4、过电流继电器 KC1 ~ KC5、欠电压继电器 KV、熔断器 FU1 ~ FU2、（   ）等组成。

A. 电阻器 $R_1 \sim R_5$ B. 热继电器 FR1 ~ FR5

C. 接触器 KM1 ~ KM2   D. 限位开关 SQ1 ~ SQ4

94. 时序逻辑电路的集成移位寄存器的移位方向错误，则是（   ）有问题。

A. 移位控制端   B. 清零端

  C. 脉冲端   D. 输出端

95. 由或非门组成的基本 RS 触发器，当 RS 为（　　）时，触发器处于不定状态。

  A. 00   B. 01   C. 10   D. 11

96. 电位是（　　），随参考点的改变而改变，而电压是绝对量，不随参考点的改变而改变。

  A. 常量   B. 变量   C. 绝对量   D. 相对量

97. T68 镗床电气线路控制电路由控制变压器 TC、（　　）、行程开关 SQ1 ~ SQ8、中间继电器 KA1 和 KA2、速度继电器 KS、时间继电器 KT 等组成。

  A. 电动机 M1 和 M2   B. 制动电阻 R

  C. 电源开关 QS   D. 按钮 SB1 ~ SB5

98. 20/5 t 桥式起重机的主电路中包含了电源开关 QS、交流接触器 KM1 ~ KM4、凸轮控制器 SA1 ~ SA3、电动机 M1 ~ M5、电磁制动器 YB1 ~ YB6、（　　）、过电流继电器等。

  A. 限位开关 SQ1 ~ SQ4   B. 欠电压继电器 KV

  C. 熔断器 FU2   D. 电阻器 R_1 ~ R_5

99. 下图是 PLC 编程软件中的（　　）按钮。

  A. 读取按钮 B. 写入按钮   C. 仿真按钮   D. 程序检测按钮

100. 锯齿波触发电路中双窄脉冲产生环节可在一个周期内发出间隔（　　）的两个窄脉冲。

  A. 60°   B. 90°   C. 180°   D. 120°

101. PLC 控制系统的主要设计内容不包括（　　）。

  A. 选择用户输入设备、输出设备，以及由输出设备驱动的控制对象

  B. 分配 I/O 点，绘制电气连接图，考虑必要的安全保护措施

  C. PLC 的保养和维护

  D. 设计控制程序

102. 分析 T68 镗床电气控制主电路图时，重点是（　　）的正反转和高低速转换电路。

  A. 主轴电动机 M1   B. 快速移动电动机 M2

  C. 油泵电动机 M3   D. 尾架电动机 M4

103. 锯齿波触发电路由锯齿波产生与相位控制、脉冲形成与放大、强触发与输出、（　　）等四个环节组成。

  A. 矩形波产生与移相   B. 尖脉冲产生与移相

  C. 三角波产生与移相   D. 双窄脉冲产生

104. KC04 集成触发电路由锯齿波形成、移相控制、（　　）及整形放大输出等环节组成。

  A. 三角波控制   B. 正弦波控制

  C. 脉冲形成   D. 偏置角形成

105. 在使用 FX2N 可编程序控制器控制交通灯时，T0 循环定时时间为（　　）。

A. 550 s   B. 23 s   C. 55 s   D. 20 s

106. 若给 PI 调节器输入阶跃信号，其输出电压随积分的过程积累，其数值不断增长（　　）。

     A. 直至饱和   B. 无限增大   C. 不确定   D. 直至电路损坏

107. PLC 程序能对（　　）进行检查。

     A. 开关量   B. 二极管

     C. 双线圈、指令、梯形图   D. 光电耦合器

108. 在企业的经营活动中，下列选项中的（　　）不是职业道德功能的表现。

     A. 激励作用   B. 决策能力   C. 规范行为   D. 遵纪守法

109. 劳动者的基本义务包括（　　）等。

     A. 执行劳动安全卫生规程   B. 超额完成工作

     C. 休息   D. 休假

110. PLC 编程语言中梯形图是指（　　）。

     A. SFC   B. LD   C. ST   D. FBD

111. （　　）是直流调速系统的主要调速方案。

     A. 减弱励磁磁通   B. 调节电枢电压

     C. 改变电枢回路电阻 R D. 增强励磁磁通

112. 在职业活动中，不符合待人热情要求的是（　　）。

     A. 严肃待客，表情冷漠   B. 主动服务，细致周到

     C. 微笑大方，不厌其烦   D. 亲切友好，宾至如归

113. 三相半波可控整流电路中的每只晶闸管与对应的变压器二次绕组（　　）。

     A. 绝缘   B. 混联   C. 并联   D. 串联

114. 爱岗敬业的具体要求是（　　）。

     A. 看效益决定是否爱岗   B. 转变择业观念

     C. 提高职业技能   D. 增强把握择业的机遇意识

115. 测绘 T68 镗床电器位置图时，重点要画出两台电动机、（　　）、按钮、行程开关以及电器箱的具体位置。

     A. 接触器   B. 熔断器   C. 热继电器   D. 电源总开关

116. 集成译码器 74LS42 是（　　）译码器。

     A. 变量   B. 显示   C. 符号   D. 二—十进制

117. 在使用 FX2N 可编程序控制器控制车床运行时，以下程序中使用了 ZRST 指令（　　）。

```
       X004
62    ─┤├──────────────────────────────────────[SET    S25  ]

65    ─────────────────────────────────────────[STL    S35  ]

66    ─────────────────────────────────[ZRST   S20    S25  ]

71    ─────────────────────────────────────────[RET        ]

72    ─────────────────────────────────────────[END        ]
```

    A. 复位 S20 顺控继电器　　　　　　B. 置位 S20 顺控继电器

    C. 复位 S25 顺控继电器　　　　　　D. 复位 S20 到 S25 顺控继电器

118. 集成运放电路（　　），会损坏运放。

    A. 电源数值过大　　　　　　　　　B. 输入接反

    C. 输出端开路　　　　　　　　　　D. 输出端与输入端直接相连

119. 单相桥式可控整流电路电感性负载无续流管，控制角 $\alpha = 30°$ 时，输出电压波形中（　　）。

    A. 不会出现最大值部分　　　　　　B. 会出现平直电压部分

    C. 不会出现负电压部分　　　　　　D. 会出现负电压部分

120. 自动控制系统正常工作的首要条件是（　　）。

    A. 系统闭环负反馈控制　　　　　　B. 系统恒定

    C. 系统可控　　　　　　　　　　　D. 系统稳定

121. PLC 输入模块的故障处理方法正确的是（　　）。

    A. 有输入信号但是输入模块指示灯不亮时应检查是否输入直流电源正负极接反

    B. 若一个 LED 逻辑指示器变暗，而且根据编程器件监视器，处理器未识别输入，则输入模块可能存在故障

    C. 出现输入故障时，首先检查 LED 电源指示器是否响应现场元件（如按钮、行程开关等）

    D. 以上都是

122. 转速、电流双闭环调速系统中不加电流截止负反馈，是因为其主电路电流的限流（　　）。

    A. 由比例积分调节器保证　　　　　B. 由转速环控制

    C. 由电流环控制　　　　　　　　　D. 由速度调节器的限幅保证

123. 变频器停车过程中出现过电压故障，原因可能是（　　）。

    A. 斜波时间设置过短　　　　　　　B. 转矩提升功能设置不当

    C. 散热不良　　　　　　　　　　　D. 电源电压不稳

124. 在一个 PLC 程序中不能使用（　　）检查纠正的方法。

    A. 梯形图　　　B. 指令表　　　　　C. 双线圈　　　　　D. 直接跳过

125. 移位寄存器可分为（　　）。

    A. 左移　　　　B. 右移　　　　　　C. 可逆　　　　　　D. 以上都是

126. 为了减小直流测速发电机的误差，使用时必须注意（　　）。
    A. 外接负载电阻尽可能大些
    B. 外接负载电阻尽可能小些
    C. 外接负载电阻等于规定的最小负载电阻
    D. 在直流测速发电机输出端并接滤波电路

127. 时序逻辑电路的波形图是（　　）。
    A. 各个触发器的输出随时钟脉冲变化的波形
    B. 各个触发器的输入随时钟脉冲变化的波形
    C. 各个门电路的输出随时钟脉冲变化的波形
    D. 各个门的输入随时钟脉冲变化的波形

128. 测量电流时应将电流表（　　）电路。
    A. 串联接入   B. 并联接入
    C. 并联接入或串联接入   D. 混联接入

129. PLC 与计算机通信要进行（　　）设置。
    A. 数据设置   B. 字节设置   C. 电平设置   D. 串口设置

130. 555 定时器构成的多谐振荡电路的脉冲频率由（　　）决定。
    A. 输入信号   B. 输出信号
    C. 电路充放电电阻及电容   D. 555 定时器结构

131. 绝缘材料的电阻受（　　）、水分、灰尘等影响较大。
    A. 温度   B. 干燥   C. 材料   D. 电源

132. 由比例调节器组成的闭环控制系统是（　　）。
    A. 有静差系统   B. 无静差系统
    C. 离散控制系统   D. 顺序控制系统

133. 微分集成运放电路反馈元件采用的是（　　）元件。
    A. 电感   B. 电阻   C. 电容   D. 三极管

134. 企业生产经营活动中，要求员工遵纪守法是（　　）。
    A. 约束人的体现   B. 保证经济活动正常进行所决定的
    C. 领导者人为的规定   D. 追求利益的体现

135. 交流测速发电机有空心杯转子异步测速发电机、笼型转子异步测速发电机和同步测速发电机 3 种，目前应用最为广泛的是（　　）。
    A. 同步测速发电机
    B. 笼型转子异步测速发电机
    C. 空心杯转子异步测速发电机
    D. 同步测速发电机和笼型转子异步测速发电机

136. 集成运放电路的（　　）可外接二极管，防止其极性接反。
    A. 电源端   B. 输入端   C. 输出端   D. 接地端

137. 根据仪表测量对象的名称分为（　　）等。
    A. 电压表、电流表、功率表、电度表
    B. 电压表、欧姆表、示波器
    C. 电流表、电压表、信号发生器

D. 功率表、电流表、示波器

138. 过零比较器可将输入正弦波变换为（　　）。

　　A. 三角波　　　　B. 锯齿波　　　　　C. 尖顶脉冲波　　　　D. 方波

139. 三相半波可控整流电路电感性负载，控制角 α 增大时，输出电流波形（　　）。

　　A. 降低　　　　B. 升高　　　　　C. 变宽　　　　　　D. 变窄

140. 三相半控桥式整流电路电感性负载每个二极管电流平均值是输出电流平均值的（　　）。

　　A. 1/4　　　　B. 1/3　　　　　C. 1/2　　　　　　D. 1/6

141. 以下不属于 PLC 硬件故障类型的是（　　）。

　　A. 输入模块故障　　　　　　　B. 输出模块故障

　　C. 接触器互锁故障　　　　　　D. CPU 模块故障

142. JK 触发器，当 JK 为（　　）时，触发器处于置 1 状态。

　　A. 00　　　　B. 01　　　　　C. 10　　　　　　D. 11

143. 下面所描述的事情中不属于工作认真负责的是（　　）。

　　A. 领导说什么就做什么　　　　B. 下班前做好安全检查

　　C. 上班前做好充分准备　　　　D. 工作中集中注意力

144. 直流调速装置调试的原则一般是（　　）。

　　A. 先检查，后调试　　　　　　B. 先调试，后检查

　　C. 先系统调试，后单机调试　　D. 边检查边调试

145. 集成二—十进制计数器 74LS90 是（　　）计数器。

　　A. 异步二—五—十进制加法　　B. 同步十进制加法

　　C. 异步十进制减法　　　　　　D. 同步十进制可逆

146. 三相半波可控整流电路电感性负载有续流管的输出电压波形（　　）。

　　A. 负电压部分大于正电压部分　B. 正电压部分大于负电压部分

　　C. 会出现负电压波形　　　　　D. 不会出现负电压波形

147. PLC 编程软件安装方法不正确的是（　　）。

　　A. 安装前，请确定下载文件的大小及文件名称

　　B. 在安装的时候，最好把其他应用程序关掉，包括杀毒软件

　　C. 安装前，要保证 I/O 接口电路连线正确

　　D. 先安装通用环境，解压后，进入相应文件夹，单击安装

148. X62W 铣床主轴电动机的正反转互锁由（　　）实现。

　　A. 接触器常闭触点　　　　　　B. 位置开关常闭触点

　　C. 控制手柄常开触点　　　　　D. 接触器常开触点

149. 分析 X62W 铣床主电路工作原理图时，首先要看懂主轴电动机 M1 的正反转电路、制动及冲动电路，然后再看进给电动机 M2 的正反转电路，最后看冷却泵电动机 M3 的（　　）。

　　A. 启停控制电路　　　　　　　B. 正反转电路

　　C. 能耗制动电路　　　　　　　D. Y－△启动电路

150. 下图可能实现的功能是（　　）。

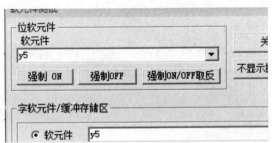

A. 输出软元件被强制执行　　　　　B. 输入软元件强制执行

C. y5 软元件复位　　　　　　　　　D. 以上都不是

151. X62W 铣床工作台前后进给工作正常，左右不能进给的可能原因是（　　）。

A. 进给电动机 M2 电源缺相　　　　B. 进给电动机 M2 过载

C. 进给电动机 M2 损坏　　　　　　D. 冲动开关损坏

152. 20/5 t 桥式起重机的小车电动机一般用（　　）实现正反转的控制。

A. 断路器　　　　B. 接触器　　　　C. 频敏变阻器　　　　D. 凸轮控制器

153. 职业道德与人生事业的关系是（　　）。

A. 有职业道德的人一定能够获得事业成功

B. 没有职业道德的人任何时刻都不会获得成功

C. 事业成功的人往往具有较高的职业道德

D. 缺乏职业道德的人往往更容易获得成功

154. 为避免步进电动机在低频区工作易产生失步的现象，不宜采用（　　）工作方式。

A. 单双六拍　　　　B. 单三拍　　　　C. 双三拍　　　　D. 单双八拍

155. 为减小剩余电压误差，其办法有（　　）。

A. 提高励磁电源频率、在输出绕组电路补偿

B. 降低励磁电源频率、提高制造精度和加工精度

C. 提高制造精度和加工精度，在输入绕组电路补偿

D. 提高制造精度和加工精度，在输出绕组电路补偿

156. 在 FX2N PLC 中，（　　）是积算定时器。

A. T0　　　　B. T100　　　　C. T245　　　　D. T255

157. 全电路欧姆定律指出：电路中的电流由电源（　　）、内阻和负载电阻决定。

A. 功率　　　　B. 电压　　　　C. 电阻　　　　D. 电动势

158. T68 镗床电气控制主电路由（　　）、熔断器 FU1 和 FU2、接触器 KM1 ~ KM7、热继电器 FR、电动机 M1 和 M2 等组成。

A. 电源开关 QS　　　　　　　　　B. 速度继电器 KS

C. 行程开关 SQ1 ~ SQ8　　　　　D. 时间继电器 KT

159. 在超高压线路下或设备附近站立或行走的人，往往会感到（　　）。

A. 不舒服、电击　　　　　　　　　B. 刺痛感、毛发耸立

C. 电伤、精神紧张　　　　　　　　D. 电弧烧伤

160. 20/5 t 桥式起重机电气线路的控制电路中包含了（　　）、紧急开关 QS4、启动按钮 SB、过电流继电器 KC1 ~ KC5、限位开关 SQ1 ~ SQ4、欠电压继电器 KV 等。

A. 主令控制器 SA4　　　　　　　　B. 电动机 M1 ~ M5

C. 电磁制动器 YB1 ~ YB6　　　　　D. 电阻器 R_1 ~ R_5

二、判断题（第 161 ~ 第 200 题，每题 0.5 分，共 20 分。）

161.（　　）PLC 程序上载时要处于 RUN 状态。

162.（　　）积分调节器是将被调量与给定值比较，按偏差的积分值输出连续信号以控制执行器的模拟调节器。

163.（　　）在直流电动机启动时不加励磁，电动机无法转动，不会飞车，电动机是安全的。

164.（　　）PLC 电源模块指示灯报错可能是接线问题或负载问题。

165.（　　）PLC 大多设计有掉电数据保持功能。

166.（　　）步进电动机是一种由电脉冲控制的特殊异步电动机，其作用是将电脉冲信号变换为相应的角位移或线位移。

167.（　　）PLC 程序没有自动检查的功能。

168.（　　）PLC 没有掉电数据保持功能。

169.（　　）微分调节器的输出电压与输入电压的变化率成正比，能有效抑制高频噪声与突然出现的干扰。

170.（　　）在 FX2N PLC 中 PLS 是上升沿脉冲指令。

171.（　　）PLC 编程软件不能模拟现场调试。

172.（　　）晶闸管交流调压电路适用于调速要求不高、经常在低速下运行的负载。

173.（　　）变频器的网络控制可分数据通信、远程调试、网络控制三方面。

174.（　　）PLC 与计算机通信可以用 RS – 422/485 通信线连接。

175.（　　）交流测速发电机不能判别旋转方向。

176.（　　）比例积分调节器兼顾了比例和积分二环节的优点，所以用其作速度闭环控制时无转速超调问题。

177.（　　）PLC 输出模块没有按要求输出信号时，应先检查输出电路是否出现断路。

178.（　　）PLC 可以远程遥控。

179.（　　）PLC 输入模块本身的故障可能性极小，故障主要来自外围的元器件。

180.（　　）电压电流双闭环系统接线时应尽可能将电动机的电枢端子与调速器输出连线短一些。

181.（　　）直流可逆调速系统经常发生烧毁晶闸管现象，可能与系统出现环流有关。

182.（　　）以下 FX2N PLC 程序可以实现动作位置优先功能。

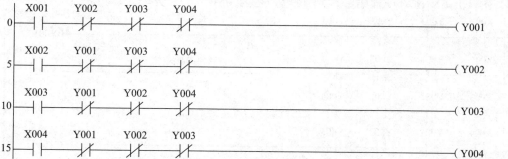

183. （　　） 直流调速装置安装应符合国家相关技术规范（GB/T 3886.1—2001）。

184. （　　） 在使用 FX2N 可编程序控制器控制交通灯时，只能使用经验法编写程序。

185. （　　） 变频器启动困难时应加大其容量。

186. （　　） 调速系统的动态技术指标是指系统在给定信号和扰动信号作用下系统的动态过程品质。系统对扰动信号的响应能力也称作跟随指标。

187. （　　） 转速电流双闭环系统中 ASR 输出限幅值选取的主要依据是允许的最大电枢启动电流。

188. （　　） 电动机不能拖动负载启动时，应换大容量的软启动器。

189. （　　） 顺序控制系统由顺序控制装置、检测元件、执行机构和被控工业对象所组成，是个闭环控制系统。

190. （　　） 西门子 MM420 要访问和修改某参数时，首先要确定该参数所属的类别和层级。

191. （　　） 转速电流双闭环直流调速系统，一开机 ACR 立刻限幅，电动机速度达到最大值，或电动机忽转忽停出现振荡。其原因可能是有电路接触不良问题。

192. （　　） FX2N 系列可编程序控制器常用 SET 指令对系统初始化。

193. （　　） 可编程序控制器可以对输入信号任意分频。

194. （　　） 自动调速系统中比例调节器既有放大（调节）作用，有时也有隔离与反相作用。

195. （　　） 电压负反馈调速系统中，PI 调节器的调节作用能使电动机转速不受负载变化的影响。

196. （　　） 直流测速发电机的输出电压与转速成正比，转向改变将引起输出电压极性的改变。

197. （　　） 三相单三拍运行与三相双三拍运行相比。前者较后者运行平稳可靠。

198. （　　） PLC 外围线路出现故障有可能导致程序不能运行。

199. （　　） 转速负反馈调速系统中，速度调节器的调节作用能使电动机转速基本不受负载变化、电源电压变化等所有外部和内部扰动的影响。

200. （　　） 从闭环控制的结构上看，电压电流双闭环系统的组成是：电流环处在电压环之内，故电压环称为内环，电流环称为外环。

模拟试题（三）

一、单项选择（第 1 题 ~ 第 160 题，每题 0.5 分，共 80 分。）

1. 在以下 FX2N PLC 程序中，Y3 得电，是因为（　　）先闭合。

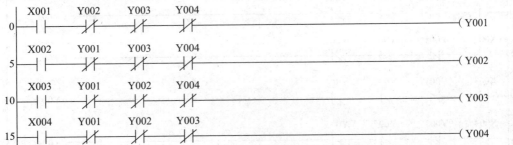

　　A. X1　　　　　　　B. X2　　　　　　　C. X3　　　　　　　D. X4

2. 千万不要用铜线、铝线、铁线代替（　　）。

　　A. 导线　　　　　　B. 熔丝　　　　　　　C. 包扎带　　　　　　D. 电话线

3. 用万用表测量电阻值时，应使指针指示在（　　）。

　　A. 欧姆刻度最右　　　　　　　　　　B. 欧姆刻度最左

　　C. 欧姆刻度中心附近　　　　　　　　D. 欧姆刻度三分之一处

4. 喷灯打气加压时，要检查并确认进油阀可靠地（　　）。

　　A. 关闭　　　　　　B. 打开　　　　　　　C. 打开一点　　　　D. 打开或关闭

5. 下图是 PLC 编程软件中的（　　）按钮。

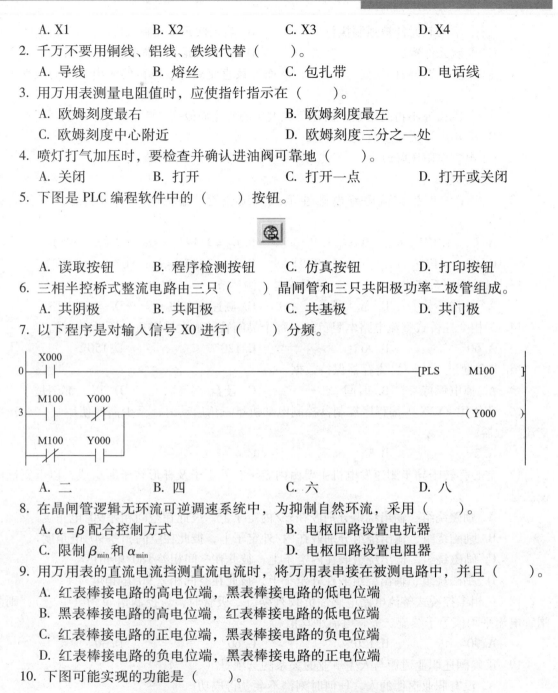

　　A. 读取按钮　　　B. 程序检测按钮　　　C. 仿真按钮　　　　D. 打印按钮

6. 三相半控桥式整流电路由三只（　　）晶闸管和三只共阳极功率二极管组成。

　　A. 共阴极　　　　　B. 共阳极　　　　　　C. 共基极　　　　　D. 共门极

7. 以下程序是对输入信号 X0 进行（　　）分频。

　　A. 二　　　　　　　B. 四　　　　　　　　C. 六　　　　　　　D. 八

8. 在晶闸管逻辑无环流可逆调速系统中，为抑制自然环流，采用（　　）。

　　A. $\alpha = \beta$ 配合控制方式　　　　　　　B. 电枢回路设置电抗器

　　C. 限制 $\beta_{\min}$ 和 $\alpha_{\min}$　　　　　　　　D. 电枢回路设置电阻器

9. 用万用表的直流电流挡测直流电流时，将万用表串接在被测电路中，并且（　　）。

　　A. 红表棒接电路的高电位端，黑表棒接电路的低电位端

　　B. 黑表棒接电路的高电位端，红表棒接电路的低电位端

　　C. 红表棒接电路的正电位端，黑表棒接电路的负电位端

　　D. 红表棒接电路的负电位端，黑表棒接电路的正电位端

10. 下图可能实现的功能是（　　）。

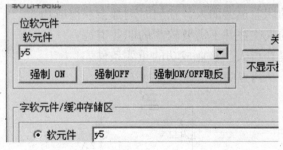

A. y5 输入软元件被强制执行　　　　　B. 输入软元件强制执行

C. y5 软元件置位　　　　　　　　　　D. 输出软元件被强制执行

11. 电枢电流的去磁作用使（　　），从而导致直流测速发电机的输出特性的线性关系变坏。

A. 气隙磁通不再是常数，而随负载大小的变化而改变

B. 输出电压灵敏度改变

C. 电枢电阻压降改变

D. 损耗加大

12. 三相半波可控整流电路电感性负载无续流管，输出电压平均值的计算公式是（　　）。

A. $U_d = 1.17 U_2 \cos\alpha$（$0° \leq \alpha \leq 30°$）　　B. $U_d = 1.17 U_2 \cos\alpha$（$0° \leq \alpha \leq 60°$）

C. $U_d = 1.17 U_2 \cos\alpha$（$0° \leq \alpha \leq 90°$）　　D. $U_d = 1.17 U_2 \cos\alpha$（$0° \leq \alpha \leq 120°$）

13. 自动调速系统中的（　　）可看成是比例环节。

A. 补偿环节　　　　B. 放大器　　　　C. 测速发电机　　　　D. 校正电路

14. 三相全控桥式整流电路电阻负载，每个晶闸管的最大导通角 θ 是（　　）。

A. 60°　　　　　　B. 90°　　　　　　C. 120°　　　　　　D. 150°

15. PLC 通过（　　）寄存器保持数据。

A. 掉电保持　　　　B. 时间　　　　C. 硬盘　　　　D. 以上都不是

16. 在使用 FX2N 可编程序控制器控制电动机星三角启动时，至少需要使用（　　）个交流接触器。

A. 2　　　　　　　B. 3　　　　　　　C. 4　　　　　　　D. 5

17. 空心杯转子异步测速发电机主要由内定子、外定子及杯形转子所组成，以下正确的说法是（　　）。

A. 励磁绕组、输出绕组分别嵌在外/内定子上，彼此在空间相差90°电角度

B. 励磁绕组、输出绕组分别嵌在内/外定子上，彼此在空间相差90°电角度

C. 励磁绕组、输出绕组嵌在内定子上，彼此在空间相差180°电角度

D. 励磁绕组、输出绕组嵌在外定子上，彼此在空间相差90°电角度

18. 三相半控桥式整流电路电感性负载有续流二极管时，若控制角 α 为（　　），则晶闸管电流平均值等于续流二极管电流平均值。

A. 90°　　　　　　B. 120°　　　　　　C. 60°　　　　　　D. 30°

19. 正确阐述职业道德与人生事业的关系的选项是（　　）。

A. 没有职业道德的人，任何时刻都不会获得成功

B. 具有较高的职业道德的人，任何时刻都会获得成功

C. 事业成功的人往往并不需要较高的职业道德

D. 职业道德是获得人生事业成功的重要条件

20. 如图所示，A、B 两点间的电压 U_{AB} 为（　　）。

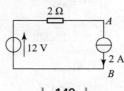

A. −18 V   B. +18 V   C. −6 V   D. 8 V

21. 以下 FX2N 可编程序控制器控制多速电动机运行时，（   ）是运行总开关。

```
        X000    X001
  0 ─┤├────┤/├──────────────────────────────────( Y001 )

        X001                                         K10
    ├────┤├──────────────────────────────────( T0 )

        T0
    ├────┤├──────────────────────────────────( Y000 )
```

    A. X1   B. T0   C. X0   D. Y0

22. PLC 编程软件安装方法不对的是（   ）。

    A. 安装前，请确定下载文件的大小及文件名称

    B. 在安装的时候，最好把其他应用程序关掉，包括杀毒软件

    C. 安装选项中，选项无须都打钩

    D. 解压后，直接单击安装

23. 制止损坏企业设备的行为，（   ）。

    A. 只是企业领导的责任   B. 对普通员工没有要求

    C. 是每一位员工和领导的责任和义务   D. 不能影响员工之间的关系

24. （   ）是 PLC 编程软件可以进行监控的对象。

    A. 电源电压值   B. 输入、输出量   C. 输入电流值   D. 输出电流值

25. PLC 程序能对（   ）进行检查。

    A. 双线圈、指令、梯形图   B. 电控电路

    C. 存储器   D. 变压器

26. 如图所示为（   ）符号。

    A. 开关二极管   B. 整流二极管   C. 稳压二极管   D. 变容二极管

27. 以下 FX2N 可编程序控制器控制车床运行时，程序中使用了顺控指令（   ）。

    A. STL   B. ZRST   C. RET   D. END

28. 以下不属于 PLC 与计算机正确连接方式的是（　　　）。

    A. RS232 通信连接   B. RS422 通信连接

    C. 双绞线通信连接   D. RS485 通信连接

29. 集成译码器的（　　）状态不对时，译码器无法工作。

    A. 输入端   B. 输出端   C. 清零端   D. 使能端

30. 职工上班时符合着装整洁要求的是（　　　）。

    A. 夏天天气炎热时可以只穿背心   B. 服装的价格越贵越好

    C. 服装的价格越低越好   D. 按规定穿工作服

31. 电网电压正常，电动机减速时变频器过电压报警，此故障原因与（　　　）无关。

    A. 减速时间太短   B. 制动电阻过大

    C. 输出滤波电抗器问题   D. 外电路中有补偿电容投入

32. T68 镗床的主电路、控制电路和照明电路由（　　　）实现短路保护。

    A. 速度继电器   B. 中间继电器   C. 熔断器   D. 热继电器

33. 在以下 PLC 梯形图程序中，0 步和 3 步实现的功能（　　　）。

    A. 一样

    B. 0 步是上升沿脉冲指令，3 步是下降沿脉冲指令

    C. 0 步是点动，3 步是下降沿脉冲指令

    D. 3 步是上升沿脉冲指令，0 步是下降沿脉冲指令

34. （　　　），积分控制可以使调速系统在无静差的情况下保持恒速运行。

    A. 稳态时   B. 动态时

    C. 无论稳态还是动态过程中   D. 无论何时

35. 以下 PLC 梯形图实现的功能是（　　　）。

    A. 长动控制   B. 点动控制   C. 顺序启动   D. 自动往复

36. 双闭环调速系统中转速调节器一般采用 PI 调节器，I 参数的调节主要影响系统的（　　　）。

    A. 稳态性能   B. 动态性能   C. 静差率   D. 调节时间

37. 三相可控整流触发电路调试时，首先要检查三相同步电压波形，再检查三相锯齿波

波形，最后检查（　　　）。

  A. 同步变压器的输出波形   B. 整流变压器的输出波形

  C. 晶闸管两端的电压波形   D. 输出双脉冲的波形

38. 在 FX2N PLC 中配合使用 PLS 可以实现（　　　）功能。

  A. 计数   B. 计时   C. 分频   D. 倍频

39. 集成译码器 74LS138 的 3 个使能端，只要有一个不满足要求，其八个输出为（　　　）。

  A. 高电平   B. 低电平   C. 高阻   D. 低阻

40. 集成计数器 74LS192 是（　　　）计数器。

  A. 异步十进制加法   B. 同步十进制加法

  C. 异步十进制减法   D. 同步十进制可逆

41. 在使用 FX2N 可编程序控制器控制交通灯时，M8013 的功能是（　　　）。

  A. 周期为 100 ms 的脉冲   B. 周期为 1 s 的脉冲

  C. 常开点   D. 周期为 2 s 的脉冲

42. 带比例调节器的单闭环直流调速系统中，放大器的 KP 越大，系统的（　　　）。

  A. 静态、动态特性越好   B. 动态特性越好

  C. 静态特性越好   D. 静态特性越坏

43. 以下程序出现的错误是（　　　）。

  A. 没有计数器   B. 不能自锁   C. 没有错误   D. 双线圈错误

44. 机床照明、移动行灯等设备，使用的安全电压为（　　　）。

  A. 9 V   B. 12 V   C. 24 V   D. 36 V

45. 实际的自控系统中，RC 串联网络构成微分电路并不是纯微分环节，相当一个（　　　），只有当 $RC \ll 1$ 时，才近似等效为纯微分环节。

  A. 微分环节与积分环节相串联   B. 微分环节与比例环节相串联

  C. 微分环节与惯性环节相串联   D. 微分环节与延迟环节相并联

46. 国产（　　　）系列高灵敏直流测速发电机，除了具有一般永磁直流测速发电机的优点外，还具有结构简单、耦合度好、输出比电势高、反应快、线性误差小、可靠性好的

优点。

    A. CYD   B. ZCF   C. CK   D. CY

47. 单相桥式可控整流电路大电感负载无续流管的输出电流波形（   ）。

    A. 只有正弦波的正半周部分   B. 正电流部分大于负电流部分

    C. 会出现负电流部分   D. 是一条近似水平线

48. 使用电解电容时（   ）。

    A. 负极接高电位，正极接低电位

    B. 正极接高电位，负极接低电位

    C. 负极接高电位，负极也可以接高电位

    D. 不分正负极

49. FX2N PLC 中使用 SET 指令时必须（   ）。

    A. 配合使用停止按钮   B. 配合使用置位指令

    C. 串联停止按钮   D. 配合使用 RST 指令

50. 电动机拖动大惯性负载，在减速或停车时发生过电压报警，此故障可能的原因是（   ）。

    A. U/f 比设置有问题   B. 减速时间过长

    C. 减速时间过短   D. 电动机参数设置错误

51. 办事公道是指从业人员在进行职业活动时要做到（   ）。

    A. 追求真理，坚持原则   B. 有求必应，助人为乐

    C. 公私不分，一切平等   D. 知人善任，提拔知己

52. 下列关于诚实守信的认识和判断中，正确的选项是（   ）。

    A. 一贯地诚实守信是不明智的行为

    B. 诚实守信是维持市场经济秩序的基本法则

    C. 是否诚实守信要视具体对象而定

    D. 追求利益最大化原则高于诚实守信

53. FX2N 系列 PLC 编程软件的功能不包括以下（   ）。

    A. 程序检查   B. 仿真模拟   C. 短路保护   D. 上载

54. T68 镗床主轴电动机只能工作在低速挡，不能在高速挡工作的原因是（   ）。

    A. 时间继电器 KT 故障   B. 热继电器故障

    C. 速度继电器故障   D. 熔断器故障

55. 西门子 MM420 变频器快速调试（P0010 = 1）时，主要进行（   ）修改。

    A. 显示参数   B. 电机参数   C. 频率参数   D. 全部参数

56. 测绘 X62W 铣床电气线路控制电路图时要画出控制变压器 TC、按钮 SB1 ~ SB6、行程开关 SQ1 ~ SQ7、速度继电器 KS、（   ）、热继电器 FR1 ~ FR3 等。

    A. 电动机 M1 ~ M3   B. 熔断器 FU1

    C. 电源开关 QS   D. 转换开关 SA1 ~ SA3

57. 西门子 MM420 变频器的主电路电源端子（   ）需经交流接触器和保护用断路器与三相电源连接。但不宜采用主电路的通、断来控制变频器的运行与停止。

    A. R、S、T   B. U、V、W   C. L1、L2、L3   D. A、B、C

58. 直流双闭环调速系统引入转速（   ）后，能有效地抑制转速超调。

A. 微分负反馈　　　　　　　　　　　　B. 微分正反馈

C. 微分补偿　　　　　　　　　　　　　D. 滤波电容

59. （　　）就是在原有的系统中，有目的地增添一些装置（或部件），人为地改变系统的结构和参数，使系统的性能获得改善，以满足所要求的稳定性指标。

A. 系统校正　　　B. 反馈校正　　　C. 顺馈补偿　　　　D. 串联校正

60. 调速系统的调速范围和静差率这两个指标（　　）。

A. 相互平等　　　B. 互不相关　　　C. 相互制约　　　D. 相互补充

61. 在一个程序中不能使用（　　）检查纠正的方法。

A. 梯形图　　　　B. 双线圈　　　　C. 上电　　　　　D. 指令表

62. PLC 程序上载时应注意（　　）。

A. 人机界面关闭　　　　　　　　　　　B. 断电

C. PLC 复位　　　　　　　　　　　　　D. PLC 处于 STOP 状态

63. 通过 RS585 等接口可将变频器作为从站连接到网络系统中，成为现场总线控制系统的设备。网络主站一般由（　　）等承担。

A. CNC 或 PLC　　　　　　　　　　　B. 变频器或 PLC

C. PLC 或变频器　　　　　　　　　　　D. 外部计算机或变频器

64. 在突加输入信号之初，PI 调节器相当于一个（　　）。

A. P 调节器　　　B. I 调节器　　　C. 惯性环节　　　D. 延时环节

65. 脉冲分配器的功能有（　　）。

A. 输出时钟 CK 和方向指令 DIR　　　B. 输出功率开关所需的驱动信号

C. 产生各相通断的时序逻辑信号　　　D. 电流反馈控制及保护电路

66. 速度检测与反馈电路的精度，对调速系统的影响是（　　）。

A. 决定系统稳态精度　　　　　　　　　B. 只决定速度反馈系数

67. 电压电流双闭环调速系统中的电流正反馈环节是用来实现（　　）。

A. 系统的"挖土机特性"　　　　　　　B. 调节 ACR 电流负反馈深度

C. 补偿电枢电阻压降引起的转速降　　　D. 稳定电枢电流

68. 步进电动机的转速 n 或线速度 v 只与（　　）有关。

A. 电源电压　　　　　　　　　　　　　B. 负载大小

C. 环境条件的波动　　　　　　　　　　D. 脉冲频率 f

69. 当锉刀拉回时，应（　　），以免磨钝锉齿或划伤工件表面。

A. 轻轻划过　　　B. 稍微抬起　　　C. 抬起　　　　　D. 拖回

70. （　　）直流测速发电机受温度变化的影响较小，输出变化小，斜率高，线性误差小，应用最多。

A. 电磁式　　　　B. 他励式　　　　C. 永磁式　　　　D. 霍尔无刷式

71. 软启动器进行启动操作后，电动机运转，但长时间达不到额定值，此故障原因不可能是（　　）。

A. 启动参数不合适　　　　　　　　　　B. 启动线路接线错误

C. 启动控制方式不当　　　　　　　　　D. 晶闸管模块故障

72. 在使用 FX2N 可编程序控制器控制磨床运行时，Y2 和 M0 是（　　）。

A. 双线圈　　　　B. 可以省略的　　　C. 并联输出　　　　D. 串联输出

73. 高分辨率且高精度的办公自动化设备中，要求步进电动机的步距角小、较高的启动频率、控制功率小、良好的输出转矩和加速度，则应选（　　　）。

　　A. 反应式直线步进电动机　　　　　　B. 永磁式步进电动机

　　C. 反应式步进电动机　　　　　　　　D. 混合式步进电动机

74. 晶闸管触发电路所产生的触发脉冲信号必须要（　　　）。

　　A. 有一定的电位　　　　　　　　　　B. 有一定的电抗

　　C. 有一定的频率　　　　　　　　　　D. 有一定的功率

75. 三相半波可控整流电路电阻性负载的输出电压波形在控制角（　　　）的范围内连续。

　　A. $0 < \alpha < 30°$　　　B. $0 < \alpha < 45°$　　　C. $0 < \alpha < 60°$　　　D. $0 < \alpha < 90°$

76. 三极管的 f_α 高于等于（　　　）为高频管。

　　A. 1 MHz　　　　　B. 2 MHz　　　　　C. 3 MHz　　　　　D. 4 MHz

77. 由与非门组成的基本 RS 触发器，当 RS 为（　　　）时，触发器处于不定状态。

　　A. 00　　　　　　　B. 01　　　　　　　C. 10　　　　　　　D. 11

78. 从自控系统的基本组成环节来看开环控制系统与闭环控制系统的区别在于（　　　）。

　　A. 有无测量装置　　　　　　　　　　B. 有无被控对象

　　C. 有无反馈环节　　　　　　　　　　D. 控制顺序

79. 国家鼓励和支持利用可再生能源和（　　　）发电。

　　A. 磁场能　　　　　B. 机械能　　　　　C. 清洁能源　　　　D. 化学能

80. 当 74LS94 的控制信号为 01 时，该集成移位寄存器处于（　　　）状态。

　　A. 左移　　　　　　B. 右移　　　　　　C. 保持　　　　　　D. 并行置数

81. KC04 集成触发电路由锯齿波形成、移相控制、脉冲形成及（　　　）等环节组成。

　　A. 三角波输出　　B. 正弦波输出　　C. 偏置角输出　　　　D. 整形放大输出

82. 对待职业和岗位，（　　　）并不是爱岗敬业所要求的。

　　A. 树立职业理想　　　　　　　　　　B. 干一行爱一行专一行

　　C. 遵守企业的规章制度　　　　　　　D. 一职定终身，绝对不改行

83. 三相全控桥式整流电路电感性负载无续流管，控制角 α 大于（　　　）时，输出出现负压。

A. 90°   B. 60°   C. 45°   D. 30°

84. 速度、电流双闭环调速系统，在突加给定电压启动过程中最初阶段，速度调节器处于（　　）状态。

    A. 调节   B. 零   C. 截止   D. 饱和

85. 工业控制领域目前直流调速系统中主要采用（　　）。

    A. 直流斩波器调压   B. 旋转变流机组调压

    C. 电枢回路串电阻 R 调压   D. 静止可控整流器调压

86. 时序逻辑电路的输出端取数如有问题会产生（　　）。

    A. 时钟脉冲混乱   B. 置数端无效

    C. 清零端无效   D. 计数模错误

87. 云母制品属于（　　）。

    A. 固体绝缘材料   B. 液体绝缘材料

    C. 气体绝缘材料   D. 导体绝缘材料

88. 在以下 FX2N PLC 程序中，当 Y3 得电后，（　　）还可以得电。

```
      X001    Y002    Y003    Y004
0 ----| |----|/|----|/|----|/|----------------------( Y001 )

      X002    Y003    Y004
5 ----| |----|/|----|/|----------------------------( Y002 )

      X003    Y004
9 ----| |----|/|------------------------------------( Y003 )

      X004
12 ---| |-------------------------------------------( Y004 )
```

    A. Y1   B. Y2   C. Y4   D. 都可以

89. PLC 输出模块出现故障处理不当的是（　　）。

    A. 出现故障首先检查供电电源是否错误

    B. 断电后使用万用表检查端子接线，判断是否出现断路

    C. 考虑模板安装是否出现问题

    D. 直接使用万用表欧姆挡检查

90. 在转速电流双闭环调速系统中，电机转速可调，转速不高且波动较大。此故障的可能原因是（　　）。

    A. PI 调节器限幅值电路故障   B. 电动机励磁电路故障

    C. 晶闸管或触发电路故障   D. 反馈电路故障

91. 勤劳节俭的现代意义在于（　　）。

    A. 勤劳节俭是促进经济和社会发展的重要手段

    B. 勤劳是现代市场经济需要的，而节俭则不宜提倡

    C. 节俭阻碍消费，因而会阻碍市场经济的发展

    D. 勤劳节俭只有利于节省资源，但与提高生产效率无关

92. PLC 程序下载时应注意（　　）。

    A. PLC 不能断电   B. 断开数据线连接

C. 接通 I/O 口电源   D. 以上都是

93. 单相桥式可控整流电路电阻性负载的输出电压波形中一个周期内会出现（　　）个波峰。

     A. 2   B. 1   C. 4   D. 3

94. 以下不是 PLC 控制系统设计原则的是（　　）。

     A. 保证控制系统的安全、可靠

     B. 最大限度地满足生产机械对电气控制的要求

     C. 在满足控制要求的同时，力求使系统简单、经济、操作和维护方便

     D. 选择价格贵的 PLC 来提高系统可靠性

95. PLC 输出模块故障包括（　　）。

     A. 输出模块 LED 指示灯不亮   B. 输出模块 LED 指示灯常亮不熄灭

     C. 输出模块没有电压   D. 以上都是

96. 闭环负反馈直流调速系统中，电动机励磁电路的电压纹波对系统性能的影响，若采用（　　）自我调节。

     A. 电压负反馈调速时能   B. 转速负反馈调速时不能

     C. 转速负反馈调速时能   D. 电压负反馈加电流正反馈补偿调速时能

97. 锯齿波触发电路中的锯齿波是由（　　）对电容器充电以及快速放电产生的。

     A. 矩形波电源   B. 正弦波电源   C. 恒压源   D. 恒流源

98. 转速负反馈有静差调速系统中，当负载增加以后，转速要下降，系统自动调速以后，使电动机的转速（　　）。

     A. 以恒转速旋转   B. 等于原来的转速

     C. 略低于原来的转速   D. 略高于原来的转速

99. 异步测速发电机的定子上安装有（　　）。

     A. 一个绕组   B. 两个串联的绕组

     C. 两个并联的绕组   D. 两个空间相差 90° 电角度的绕组

100. 当初始信号为零时，在阶跃输入信号作用下，积分调节器（　　）与输入量成正比。

     A. 输出量的变化率   B. 输出量的大小

     C. 积分电容两端电压   D. 积分电容两端的电压偏差

101. PLC 文本化编程语言包括（　　）。

     A. IL 和 ST   B. LD 和 ST   C. ST 和 FBD   D. SFC 和 LD

102. PLC 中 "BATT" 灯出现红色表示（　　）。

     A. 故障   B. 开路   C. 欠压   D. 过流

103. 用毫伏表测出电子电路的信号为（　　）。

     A. 平均值   B. 有效值   C. 直流值   D. 交流值

104. KC04 集成触发电路一个周期内可以从 1 脚和 15 脚分别输出相位差（　　）的两个窄脉冲。

     A. 60°   B. 90°   C. 120°   D. 180°

105. 活动扳手可以拧（　　）规格的螺母。

     A. 一种   B. 二种   C. 几种   D. 各种

106. 电压负反馈调速系统中，电流正反馈在系统中起（　　）作用。

    A. 补偿电枢回路电阻所引起的稳态速降

    B. 补偿整流器内阻所引起的稳态速降

    C. 补偿电枢电阻所引起的稳态速降

    D. 补偿电刷接触电阻及电流取样电阻所引起的稳态速降

107. 基尔霍夫定律的（　　）是绕回路一周电路元件电压变化为零。

    A. 回路电压定律　　　　　　　　B. 电路功率平衡

    C. 电路电流定律　　　　　　　　D. 回路电位平衡

108. 下图是（　　）方式的模拟状态。

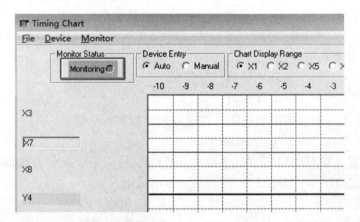

    A. 功能仿真　　　B. 时序图仿真　　　C. 测试电路　　　　D. 以上都不是

109. 一台使用多年的 250 kW 电动机拖动鼓风机，经变频改造运行二个月后常出现过流跳闸，其故障原因可能是（　　）。

    A. 变频器选配不当

    B. 变频器参数设置不当

    C. 变频供电的高频谐波使电机绝缘加速老化

    D. 负载有时过重

110. 下图是 PLC 编程软件中的（　　）按钮。

    A. 写入按钮　　　B. 监控按钮　　　　C. PLC 读取按钮　　　D. 程序检测按钮

111. 三相半控桥式整流电路电阻性负载每个晶闸管电流平均值是输出电流平均值的（　　）。

    A. 1/6　　　　　　B. 1/4　　　　　　C. 1/2　　　　　　D. 1/3

112. 双闭环调速系统中电流调节器 ACR 可限制最大的输出电流是（　　）。

    A. $I_{dm} \neq U_{im}/\beta$　　B. $I_{dm} = U_{im}/\beta$　　　C. $I_{dm} \geq U_{im}/\beta$　　　D. $I_{dm} \leq U_{im}/\beta$

113. 以下 FX2N 系列可编程序控制器程序，实现的功能是（　　）。

A. X1 不起作用　　　　　　　　　B. Y0 始终得电

C. Y0 不能得电　　　　　　　　　D. 等同于启保停

114. 职业道德通过（　　　），起着增强企业凝聚力的作用。

A. 协调员工之间的关系　　　　　B. 增加职工福利

C. 为员工创造发展空间　　　　　D. 调节企业与社会的关系

115. 以下属于 PLC 硬件故障类型的是（　　　）。

①I/O 模块故障　　　②电源模块故障　　　③状态矛盾故障　　　④CPU 模块故障

A. ①②③　　　　B. ②③④　　　　C. ①③④　　　　D. ①②④

116. 一般电路由（　　　）、负载和中间环节三个基本部分组成。

A. 电线　　　　B. 电压　　　　C. 电流　　　　D. 电源

117. 如果触电者伤势较重，已失去知觉，但心跳和呼吸还存在，应使（　　　）。

A. 触电者舒适、安静地平躺

B. 周围不围人，使空气流通

C. 解开伤者的衣服以利呼吸，并速请医生前来或送往医院

D. 以上都是

118. 变频器常见的频率给定方式主要有：模拟信号给定、操作器键盘给定、控制输入端给定及通信方式给定等，来自 PLC 控制系统时不采用（　　　）方式。

A. 键盘给定　　　　　　　　　　B. 控制输入端给定

C. 模拟信号给定　　　　　　　　D. 通信方式给定

119. 速度给定电压纹波对系统性能有影响，所以在转速电流双闭环调速系统中，速度给定供电电路应采用（　　　）。

A. 高性能的整流滤波电路　　　　B. 不需稳压电路，只需一般滤波既可

C. 简单的整流滤波电路　　　　　D. 专用高性能的稳压电路

120. 用手电钻钻孔时，要穿戴（　　　）。

A. 口罩　　　　B. 帽子　　　　C. 绝缘鞋　　　　D. 眼镜

121. 欧陆 514 直流调速装置 ASR 的限幅值是用电位器 P5 来调整的。通过端子 7 上外接 $0 \sim 7.5$ V 的直流电压，调节 P5 可得到对应最大电枢电流为（　　　）。

A. 1.1 倍标定电流的限幅值　　　　B. 1.5 倍标定电流的限幅值

C. 1.1 倍电动机额定电流的限幅值　　D. 等于电动机额定电流的限幅值

122. 关于创新的论述，正确的是（　　　）。

A. 创新就是出新花样　　　　　　B. 创新就是独立自主

C. 创新是企业进步的灵魂　　　　D. 创新不需要引进外国的新技术

123. 严格执行安全操作规程的目的是（　　　）。

A. 限制工人的人身自由

B. 企业领导刁难工人

C. 保证人身和设备的安全以及企业的正常生产

D. 增强领导的权威性

124. PLC 与计算机通信要进行（　　　）设置。

A. 串口设置　　　B. 容量设置　　　C. 内存设置　　　D. 以上都不对

125. PLC 更换输入模块时，要在（　　　）状态下进行。

A. RUN　　　　B. 断电　　　　　　C. STOP　　　　　　D. 以上都不是

126. 以下 FX2N 可编程序控制器程序实现的是（　　）功能。

```
      X000    T1                                              K20
0   ─┤├────┤/├───────────────────────────────────────( T0  )
      T0                                                     K50
5   ─┤├──┬──────────────────────────────────────────( T1  )
        │
        └──────────────────────────────────────────( Y000 )
```

A. Y0 通 5 s，断 2 s　　　　　　　　B. Y0 通 2 s，断 5 s

C. Y0 通 7 s，断 2 s　　　　　　　　D. Y0 通 2 s，断 7 s

127. "BATT" 变色灯是后备电源指示灯，绿色表示正常，黄色表示（　　）。

A. 故障　　　B. 电量低　　　　　C. 过载　　　　　　D. 以上都不是

128. 劳动安全卫生管理制度对未成年工给予了特殊的劳动保护，这其中的未成年工是指年满 16 周岁未满（　　）的人。

A. 14 周岁　　B. 15 周岁　　　　C. 17 周岁　　　　　D. 18 周岁

129. 工业控制领域中应用的直流调速系统主要采用（　　）。

A. 直流斩波器调压　　　　　　　　B. 旋转变流机组调压

C. 电枢回路串电阻调压　　　　　　D. 用静止可控整流器调压

130. PLC 程序的检查内容不包括（　　）。

A. 指令检查　　B. 梯形图检查　　C. 继电器检查　　D. 软元件检查

131. 欧陆 514 调速器组成的电压电流双闭环系统在系统过载或堵转时，ASR 调节器处于（　　）。

A. 饱和状态　　B. 调节状态　　　C. 截止状态　　　D. 不确定

132. 不属于 PLC 输入模块本身的故障是（　　）。

A. 传感器故障　　B. 执行器故障　　C. PLC 软件故障　　D. 输入电源故障

133. 根据被测电流的种类分为（　　）。

A. 直流　　　B. 交流　　　　　C. 交直流　　　　　D. 以上都是

134. 软启动器启动完成后，旁路接触器刚动作就跳闸，其故障原因可能是（　　）。

A. 启动电流过大　　　　　　　　　B. 旁路接触器接线相序不对

C. 启动转矩过大　　　　　　　　　D. 电动机过载

135. 时序逻辑电路的分析方法有（　　）。

A. 列写状态方程　　　　　　　　　B. 列写驱动方程

C. 列写状态表　　　　　　　　　　D. 以上都是

136. 直流调速装置通电前硬件检查内容有：电源电路检查，信号线、控制线检查，设备接线检查，PLC 接地检查。通电前一定要认直进行（　　），以防止通电后引起设备损坏。

A. 电源电路检查　　　　　　　　　B. 信号线、控制线检查

C. 设备接线检查　　　　　　　　　D. PLC 接地检查

137. 在 FX2N PLC 中，T0 的定时精度为（　　）。

A. 10 ms   B. 100 ms   C. 1 s   D. 1 ms

138. 转速负反馈调速系统能随负载的变化而自动调节整流电压，从而补偿（　　）的变化。

A. 电枢电阻压降   B. 整流电路电阻压降
C. 平波电抗器与电刷压降   D. 电枢回路电阻压降

139. 三相半控 Y 形调压电路可以简化线路，降低成本。但电路中（　　），将产生与电动机基波转矩相反的转矩，使电动机输出转矩减小，效率降低，仅用于小容量调速系统。

A. 无奇次谐波有偶次谐波   B. 有偶次谐波
C. 有奇次谐波外还有偶次谐波   D. 有奇次谐波无偶次谐波

140. 当二极管外加电压时，反向电流很小，且不随（　　）变化。

A. 正向电流   B. 正向电压   C. 电压   D. 反向电压

141. 西门子 6RA70 直流调速器首次使用时，必须输入一些现场参数，首先输入（　　）。

A. 基本工艺功能参数   B. 电动机铭牌数据
C. 优化运行参数   D. 电动机过载监控保护参数

142. 在下面 PLC 程序中，使用 RST 的目的是（　　）。

```
        X000                                                    K15
0  ┤├─────────────────────────────────────────────────────( C0 )
        X001
4  ┤├──────────────────────────────────────────────[RST    C0 ]
```

A. 停止计数   B. 暂停计数   C. 对 C0 复位   D. 以上都不是

143. 用螺丝刀拧紧可能带电的螺钉时，手指应该（　　）螺丝刀的金属部分。

A. 接触   B. 压住   C. 抓住   D. 不接触

144. T68 镗床的主轴电动机采用了近似（　　）的调速方式。

A. 恒转速   B. 通风机型   C. 恒转矩   D. 恒功率

145. PLC 控制系统设计的步骤是（　　）。

①确定硬件配置，画出硬件接线图

②PLC 进行模拟调试和现场调试

③系统交付前，要根据调试的最终结果整理出完整的技术文件

④深入了解控制对象及控制要求

A. ①→③→②→④   B. ①→②→④→③
C. ②→①→④→③   D. ④→①→②→③

146. PLC 控制系统的主要设计内容描述不正确的是（　　）。

A. 选择用户输入设备、输出设备，以及由输出设备驱动的控制对象

B. 分配 I/O 点，绘制电气连接图，考虑必要的安全保护措施

C. 编制控制程序

D. 下载控制程序

147. 三相桥式可控整流电路电阻性负载的输出电流波形，在控制角 $\alpha <$（　　）时连续。

A. 90°   B. 80°   C. 70°   D. 60°

148. 三相半控桥式整流电路电感性负载时，控制角 α 的移相范围是（　　）。

　　A. 0°～180°　　　　B. 0°～150°　　　　C. 0°～120°　　　　D. 0°～90°

149. 在以下 FX2N PLC 程序中，Y1 得电，是因为（　　）先闭合。

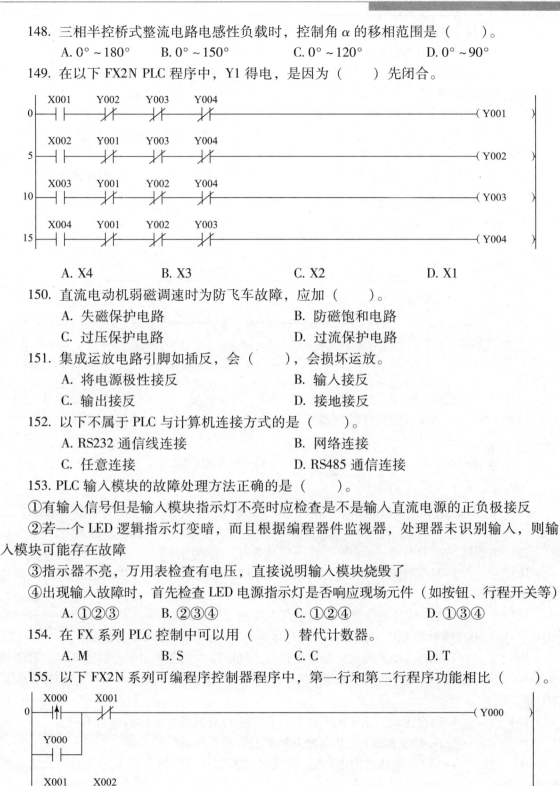

　　A. X4　　　　　　B. X3　　　　　　　C. X2　　　　　　　D. X1

150. 直流电动机弱磁调速时为防飞车故障，应加（　　）。

　　A. 失磁保护电路　　　　　　　　B. 防磁饱和电路

　　C. 过压保护电路　　　　　　　　D. 过流保护电路

151. 集成运放电路引脚如插反，会（　　），会损坏运放。

　　A. 将电源极性接反　　　　　　　B. 输入接反

　　C. 输出接反　　　　　　　　　　D. 接地接反

152. 以下不属于 PLC 与计算机连接方式的是（　　）。

　　A. RS232 通信线连接　　　　　　B. 网络连接

　　C. 任意连接　　　　　　　　　　D. RS485 通信连接

153. PLC 输入模块的故障处理方法正确的是（　　）。

①有输入信号但是输入模块指示灯不亮时应检查是不是输入直流电源的正负极接反

②若一个 LED 逻辑指示灯变暗，而且根据编程器件监视器，处理器未识别输入，则输入模块可能存在故障

③指示器不亮，万用表检查有电压，直接说明输入模块烧毁了

④出现输入故障时，首先检查 LED 电源指示灯是否响应现场元件（如按钮、行程开关等）

　　A. ①②③　　　　B. ②③④　　　　　C. ①②④　　　　　D. ①③④

154. 在 FX 系列 PLC 控制中可以用（　　）替代计数器。

　　A. M　　　　　　B. S　　　　　　　C. C　　　　　　　D. T

155. 以下 FX2N 系列可编程序控制器程序中，第一行和第二行程序功能相比（　　）。

A. 没区别   B. 第一行程序可以防止输入抖动

C. 第二行程序运行稳定   D. 工业现场应该采用第二行

156. 在自控系统中不仅要求异步测速发电机输出电压与转速成正比，而且也要求输出电压与励磁电源同相位。相位误差可在（   ），也可在输出绕组电路补偿。

A. 输出回路中并电感进行补偿   B. 励磁回路中并电容进行补偿

C. 励磁回路中串电容进行补偿   D. 输出回路中串电感进行补偿

157. 常用的裸导线有铜绞线、（   ）和钢芯铝绞线。

A. 钨丝   B. 钢丝   C. 铝绞线   D. 焊锡丝

158. 以下 PLC 梯形图实现的功能是（   ）。

A. 双线圈输出   B. 多线圈输出   C. 两地控制   D. 以上都不对

159. 在使用 FX2N 可编程序控制器控制交通灯时，将相对方向的同色灯并连起来，是为了（   ）。

A. 简化电路   B. 节约电线   C. 节省 PLC 输出口   D. 减少工作量

160. ▦ 表示编程语言的（   ）。

A. 块转换   B. 转换   C. 注释   D. 以上都不是

二、判断题（第 161 题 ~ 第 200 题，每题 0.5 分，共 20 分。）

161. （   ）时序逻辑电路的计数器计数模与规定值不符时，要检查清零端是同步还是异步清零。

162. （   ）T68 镗床电气线路控制电路由控制变压器 TC、按钮 SB1 ~ SB5、行程开关 SQ1 ~ SQ8、中间继电器 KA1 和 KA2、速度继电器 KS、时间继电器 KT 等组成。

163. （   ）20/5 t 桥式起重机电气线路的控制电路中包含了主令控制器 SA4、紧急开关 QS4、启动按钮 SB、过电流继电器 KC1 ~ KC5、限位开关 SQ1 ~ SQ4、欠电压继电器 KV 等。

164. （   ）组合逻辑电路不能工作时，首先应检查其使能端的状态对不对。

165. （   ）JK 触发器是在 CP 脉冲下降沿进行状态翻转的触发器。

166. （   ）X62W 铣床进给电动机 M2 的冲动控制是由位置开关 SQ7 接通反转接触器 KM2 一下。

167. （   ）输入信号单元电路的要求是取信号能力强、功率要大。

168. （   ）X62W 铣床电气线路的控制电路由控制变压器 TC、熔断器 FU1、按钮 SB1 ~ SB6、位置开关 SQ1 ~ SQ7、速度继电器 KS、电动机 M1 ~ M3 等组成。

169. （   ）20/5 t 桥式起重机电气线路的控制电路中包含了熔断器 FU1 和 FU2、主令控制器 SA4、紧急开关 QS4、启动按钮 SB、接触器 KM1 ~ KM9、电动机 M1 ~ M5 等。

170. （   ）X62W 铣床的照明灯由控制照明变压器 TC 提供 10 V 的安全电压。

171. （   ）集成移位寄存器可实现顺序脉冲产生器功能。

172. （   ）电气控制线路图测绘的一般步骤是设备停电，先画电器布置图，再画电器接线图，最后画出电气原理图。

173. （   ）常用电子单元电路有信号输入单元、信号中间单元、信号输出单元。

174. （   ）电气线路测绘前要检验被测设备是否有电，不能带电作业。

175. （   ）锯齿波触发电路由锯齿波产生与相位控制、脉冲形成与放大、强触发与输出、双脉冲产生等四个环节组成。

176. （   ）分析 T68 镗床电气控制主电路原理图的重点是主轴电动机 M1 的正反转和高低速转换。

177. （   ）时序逻辑电路常用于计数器及存储器电路。

178. （   ）20/5 t 桥式起重机的主钩电动机由接触器实现正反转控制。

179. （   ）74LS138 及相应门电路可实现加法器的功能。

180. （   ）集成运放电路的电源端可外接二极管防止电源极性接反。

181. （   ）X62W 铣床进给电动机 M2 的左右（纵向）操作手柄有左、中、右三个位置。

182. （   ）组合逻辑电路由门电路组成。

183. （   ）X62W 铣床的回转控制只能用于圆工作台的场合。

184. （   ）X62W 铣床电气线路的控制电路由控制变压器 TC、按钮 SB1 ~ SB6、位置开关 SQ1 ~ SQ7、速度继电器 KS、转换开关 SA1 ~ SA3、热继电器 FR1 ~ FR3 等组成。

185. （   ）集成运放电路线性应用必须加适当的负反馈。

186. （   ）X62W 铣床的主轴电动机 M1 采用了全压启动方法。

187. （   ）集成运放电路非线性应用要求开环或加正反馈。

188. （   ）20/5 t 桥式起重机的主电路中包含了电源开关 QS、交流接触器 KM1 ~ KM4、凸轮控制器 SA1 ~ SA3、电动机 M1 ~ M5、电磁制动器 YB1 ~ YB6、电阻器 $R_1 \sim R_5$、过电流继电器等。

189. （   ）分析 X62W 铣床电气控制主电路工作原理的重点是主轴电动机 M1 的正反转、制动及冲动，进给电动机 M2 的正反转，冷却泵电动机 M3 的启停。

190. （   ）20/5 t 桥式起重机的保护电路由紧急开关 QS4、过电流继电器 KC1 ~ KC5、欠电压继电器 KV、熔断器 FU1 ~ FU2、限位开关 SQ1 ~ SQ4 等组成。

191. （   ）X62W 铣床的主电路由电源总开关 QS、熔断器 FU2、接触器 KM1 ~ KM6、热继电器 FR1 ~ FR3、电动机 M1 ~ M3、按钮 SB1 ~ SB6 等组成。

192. （   ）X62W 铣床的主轴电动机 M1 采用了减压启动方法。

193. （   ）测绘 X62W 铣床电气控制主电路图时要正确画出电源开关 QS、熔断器 FU1、接触器 KM1 ~ KM6、热继电器 FR1 ~ FR3、电动机 M1 ~ M3 等。

194. （   ）T68 镗床电气线路控制电路由控制变压器 TC、按钮 SB1 ~ SB5、行程开关 SQ1 ~ SQ8、中间继电器 KA1 和 KA2、制动电阻 R、电动机 M1 和 M2 等组成。

195. （   ）集成运放电路非线性应用必须加适当的负反馈。

196. （　　） T68 镗床的主轴电动机采用了 △ – YY 变极调速方法。
197. （　　） 集成译码器可实现数码显示的功能。
198. （　　） 20/5 t 桥式起重机的小车电动机都是由接触器实现正反转控制的。
199. （　　） 职业道德不倡导人们的牟利最大化观念。
200. （　　） 测绘 T68 镗床电器布置图时要画出 2 台电动机在机床中的具体位置。

模拟试题（四）

一、单项选择（第 1 题～第 160 题，每题 0.5 分，共 80 分。）

1. 晶闸管触发电路发出触发脉冲的时刻是由同步电压来定位的，由偏置电压来调整初始相位，由（　　）来实现移相。

2. 如图所示，为（　　）三极管图形符号。

　　A. 放大　　　　　　B. 发光　　　　　　　C. 光电　　　　　　　D. 开关

3. 以下 FX2N PLC 程序可以实现（　　）功能。

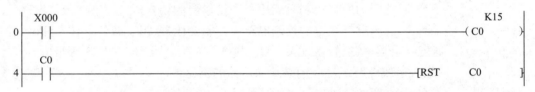

　　A. 循环计时　　　　　　　　　　B. 计数到 15 停止
　　C. C0 不能计数　　　　　　　　 D. 循环计数

4. 变频器启停方式有：面板控制、外部端子控制、通信端口控制。当与 PLC 配合组成远程网络时，主要采用（　　）方式。

　　A. 面板控制　　　　　　　　　　B. 外部端子控制
　　C. 通信端口控制　　　　　　　　D. 脉冲控制

5. 在带电流截止负反馈的调速系统中，为安全起见还安装快速熔断器、过电流继电器等，在整定电流时，应使（　　）。

　　A. 堵转电流 > 熔体额定电流 > 过电流继电器动作电流
　　B. 熔体额定电流 > 堵转电流 > 过电流继电器动作电流
　　C. 熔体额定电流 > 过电流继电器动作电流 > 堵转电流
　　D. 过电流继电器动作电流 > 熔体额定电流 > 堵转电流

6. PLC 与计算机通信设置的内容是（　　）。

　　A. 输出设置　　　　B. 输入设置　　　　C. 串口设置　　　　D. 以上都是

7. 以下 FX2N 系列可编程序控制器程序中，第一行和第二行程序功能相比（　　）。

```
         X000    X001                                              ( Y000 )
    0 ----||------|/|----------------------------------------------
         Y000
         ----||----

         X001    X002                                              ( Y001 )
    5 ----||------|/|----------------------------------------------
         Y001
         ----||----
```

　　A. 第二行程序功能更强大　　　　　　B. 工业现场必须采用第二行

　　C. 第一行程序可以防止输入抖动　　　D. 没区别

8. 测绘 X62W 铣床电气线路控制电路图时要画出控制变压器 TC、按钮 SB1 ~ SB6、

（　　）、速度继电器 KS、转换开关 SA1 ~ SA3、热继电器 FR1 ~ FR3 等。

　　A. 电动机 M1 ~ M3　　　　　　　　B. 熔断器 FU1

　　C. 行程开关 SQ1 ~ SQ7　　　　　　D. 电源开关 QS

9. 步进电动机在高频区工作产生失步的原因是（　　）。

　　A. 励磁电流过大　　　　　　　　　B. 励磁回路中的时间常数（$T = L/R$）过小

　　C. 输出转矩随频率 f 的增加而升高　D. 输出转矩随频率 f 的增加而下降

10. 变压器油属于（　　）。

　　A. 固体绝缘材料　　　　　　　　　B. 液体绝缘材料

　　C. 气体绝缘材料　　　　　　　　　D. 导体绝缘材料

11. PLC 通过（　　）寄存器保持数据。

　　A. 内部电源　　　B. 复位　　　　C. 掉电保持　　　D. 以上都是

12. 软启动器采用内三角接法时，电动机额定电流应按相电流设置，这时（　　）。

　　A. 容量提高、有三次谐波　　　　　B. 容量提高、无三次谐波

　　C. 容量不变、有三次谐波　　　　　D. 容量减小、无三次谐波

13. 基本放大电路中，经过晶体管的信号有（　　）。

　　A. 直流成分　　　B. 交流成分　　　C. 交直流成分　　　D. 高频成分

14. 三相半波可控整流电路电阻负载的控制角 α 移相范围是（　　）。

　　A. 0° ~ 90°　　　　B. 0° ~ 100°　　　　C. 0° ~ 120°　　　　D. 0° ~ 150°

15. PLC 输出模块故障描述正确的有（　　）。

　　A. PLC 输出模块常见的故障可能是供电电源故障

　　B. PLC 输出模块常见的故障可能是端子接线故障

　　C. PLC 输出模块常见的故障可能是模板安装故障

　　D. 以上都是

16. 集成编码器的（　　）状态不对时，编码器无法工作。

　　A. 输入端　　　B. 输出端　　　　C. 清零端　　　　D. 控制端

17. PLC 输出模块没有信号输出，可能是（　　）造成的。

①PLC 没有在 RUN 状态　　　　　　②端子接线出现断路

③输出模块与 CPU 模块通信问题　　　④电源供电出现问题

A. ①②④　　　　　B. ②③④　　　　　C. ①③④　　　　　D. ①②③④

18. 稳态时，无静差调速系统中积分调节器的（　　　）。

　　A. 输入端电压一定为零　　　　　　B. 输入端电压不为零

　　C. 反馈电压等于零　　　　　　　　D. 给定电压等于零

19. 在 FX2N PLC 中 PLF 是（　　　）指令。

　　A. 下降沿脉冲　　B. 上升沿脉冲　　　C. 暂停　　　　　D. 移位

20. 劳动者的基本权利包括（　　　）等。

　　A. 完成劳动任务　　　　　　　　　B. 提高职业技能

　　C. 请假外出　　　　　　　　　　　D. 提请劳动争议处理

21. 变频器连接同步电动机或连接几台电动机时，变频器必须在（　　　）特性下工作。

　　A. 免测速矢量控制　　　　　　　　B. 转差率控制

　　C. 矢量控制　　　　　　　　　　　D. U/f 控制

22. 锯齿波触发电路由（　　　）、脉冲形成与放大、强触发与输出、双窄脉冲产生等四个环节组成。

　　A. 锯齿波产生与相位控制　　　　　B. 矩形波产生与移相

　　C. 尖脉冲产生与移相　　　　　　　D. 三角波产生与移相

23. 以下 PLC 梯形图实现的功能是（　　　）。

　　A. 双线圈输出　　B. 多线圈输出　　　C. 两地控制　　　D. 以上都不对

24. 在使用 FX2N 可编程序控制器控制磨床运行时，Y2 和 M0（　　　）。

　　A. 并联输出　　　B. 先后输出　　　　C. 双线圈　　　　D. 错时输出

25. 作为一名工作认真负责的员工，应该是（　　　）。

　　A. 领导说什么就做什么

B. 领导亲自安排的工作认真做，其他工作可以马虎一点

C. 面上的工作要做仔细一些，看不到的工作可以快一些

D. 工作不分大小，都要认真去做

26. （　　）是 PLC 编程软件可以进行监控的对象。

A. 行程开关体积　　　　　　　　　　B. 光电传感器位置

C. 温度传感器类型　　　　　　　　　D. 输入、输出量

27. 带转速微分负反馈的直流双闭环调速系统其动态转速降大大降低，$R_{dn}C_{dn}$ 值越大，（　　）。

A. 静态转速降越低，恢复时间越长　　B. 动态转速降越低，恢复时间越长

C. 静态转速降越低，恢复时间越短　　D. 动态转速降越低，恢复时间越短

28. 以下程序出现的错误是（　　）。

A. 没有指令表　　B. 没有互锁　　　　C. 没有输出量　　D. 双线圈错误

29. KC04 集成触发电路由（　　）、移相控制、脉冲形成及整形放大输出等环节组成。

A. 锯齿波形成　　B. 三角波形成　　　C. 控制角形成　　　D. 偏置角形成

30. 以下 PLC 梯形图实现的功能是（　　）。

A. 点动控制　　　B. 长动控制　　　　C. 双重联锁　　　　D. 顺序启动

31. 软启动器启动完成后，旁路接触器刚动作就跳闸，其故障原因可能是（　　）。

A. 启动参数不合适

B. 晶闸管模块故障

C. 启动控制方式不当

D. 旁路接触器与软启动器的接线相序不一致

32. 时序逻辑电路的计数器直接取相应进制数经相应门电路送到（　　）端。

A. 异步清零端　　B. 同步清零端　　　C. 异步置数端　　　D. 同步置数端

33. 时序逻辑电路的计数控制端无效，则电路处于（　　）状态。

A. 计数　　　　　B. 保持　　　　　　C. 置 1　　　　　　D. 置 0

34. 对恒转矩负载，交流调压调速系统要获得实际应用必须具备的两个条件是：采用（　　　）。

    A. 低转子电阻电机且闭环控制　　　　B. 高转子电阻电机且闭环控制

    C. 高转子电阻电机且开环控制　　　　D. 绕线转子电机且闭环控制

35. 直流调速装置可运用于不同的环境中，并且使用的电气元件在抗干扰性能与干扰辐射强度存在较大差别，所以安装应以实际情况为基础，遵守（　　　）规则。

    A. 3C 认证　　　　B. 安全　　　　C. EMC　　　　D. 企业规范

36. 三相桥式可控整流电路电阻性负载的输出电压波形在控制角 $\alpha <$ （　　　）时连续。

    A. 60°　　　　B. 70°　　　　C. 80°　　　　D. 90°

37. 以下 FX2N 可编程序控制器程序实现的是（　　　）功能。

    A. Y0 通 7 s，断 5 s　　　　B. Y0 通 2 s，断 5 s

    C. Y0 通 5 s，断 2 s　　　　D. Y0 通 5 s，断 7 s

38. （　　　）程序上载时要处于 STOP 状态。

    A. 人机界面　　　　B. PLC　　　　C. 继电器　　　　D. 以上都是

39. 三相可控整流触发电路调试时，首先要检查三相同步电压波形，再检查（　　　），最后检查输出双脉冲的波形。

    A. 整流变压器的输出波形　　　　B. 同步变压器的输出波形

    C. 三相锯齿波波形　　　　D. 晶闸管两端的电压波形

40. 直流 V - M 调速系统较 PWM 调速系统的主要优点是（　　　）。

    A. 调速范围宽　　　　B. 主电路简单

    C. 低速性能好　　　　D. 大功率时性价比高

41. 西门子 MM420 变频器 P3900 =2 表示：（　　　）。

    A. 结束快速调试，不进行电动机计算

    B. 结束快速调试，进行电动机计算和复位为工厂值

    C. 结束快速调试，进行电动机计算和 I/O 复位

    D. 结束快速调试，进行电动机计算，但不进行 I/O 复位

42. JK 触发器，当 JK 为（　　　）时，触发器处于翻转状态。

    A. 00　　　　B. 01　　　　C. 10　　　　D. 11

43. 锯齿波触发电路中的锯齿波是由恒流源对（　　　）充电以及快速放电产生的。

    A. 电阻器　　　　B. 蓄电池　　　　C. 电容器　　　　D. 电抗器

44. 调速系统中调节器输入端的 T 型输入滤波电路在动态时，相当于一个（　　　）。

    A. 惯性环节　　　　B. 阻尼环节　　　　C. 线性环节　　　　D. 微分环节

45. 单闭环转速负反馈系统中必须加电流截止负反馈，电流截止负反馈电路的作用是实现（　　）。

    A. 双闭环控制
            B. 限制晶闸管电流

    C. 系统的"挖土机特性"
          D. 实现快速停车

46. 在使用 FX2N 可编程序控制器控制交通灯时，Y0 接通的时间为（　　）。

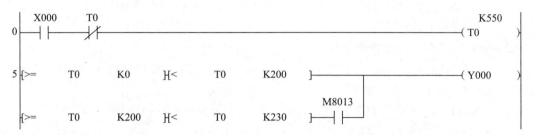

    A. 通 20 s

    B. 通 23 s

    C. 0～20 s 通，20～23 s 以 1 Hz 闪烁

    D. 通 3 s

47. 直流 V–M 调速系统较 PWM 调速系统的主要优点是（　　）。

    A. 动态响应快
           B. 自动化程度高

    C. 控制性能好
           D. 大功率时性价比高

48. 　　表示编程语言的（　　）。

    A. 转换
    B. 编译
        C. 注释
        D. 改写

49. 如图所示，C_2、R_{f2} 组成的反馈支路的反馈类型是（　　）。

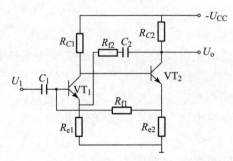

    A. 电压串联负反馈
                B. 电压并联负反馈

    C. 电流串联负反馈
                D. 电流并联负反馈

50. FX2N PLC 中使用 SET 指令时必须（　　）。

    A. 串联互锁按钮
                B. 配合使用 RST 指令

    C. 配合顺控指令
                D. 并联停止按钮

51. 西门子 MM420 变频器可外接开关量，输入端⑤～⑦端作多段速给定端，可预置（　　）个不同的给定频率值。

    A. 2
        B. 7
        C. 8
        D. 3

52. 以下 FX2N PLC 程序可以实现（　　）功能。

```
        X000                                                                  K15
0   ├──┤ ├──────────────────────────────────────────────────────────( C0      )
        C0
4   ├──┤ ├────────────────────────────────────────────────────[RST        C0    ]
```

A. 循环计数

B. 计数到 15 000 停止

C. C0 控制 K15 线圈

D. 启动 C0 循环程序

53. 企业员工在生产经营活动中，不符合团结合作要求的是（　　　）。

    A. 真诚相待，一视同仁

B. 互相借鉴，取长补短

    C. 男女有序，尊卑有别

D. 男女平等，友爱亲善

54. "BATT"变色灯是后备电源指示灯，绿色表示正常，红色表示（　　　）。

    A. 故障，要更换电源

B. 电量低

    C. 过载

D. 以上都不是

55. 频率给定方式有面板给定、外部开关量给定、外部模拟量给定、通信方式给定等。变频器通信口的主要作用是（　　　）。

    A. 启停命令信号、频率给定信号输入

    B. 频率给定信号、电动机参数修改

    C. 频率给定信号、显示参数

    D. 所有参数设定

56. 以下不是 PLC 编程语言的是（　　　）。

    A. VB   B. 指令表   C. 顺序功能图   D. 梯形图

57. PLC 程序下载时应注意（　　　）。

    A. 在任何状态下都能下载程序

B. 可以不用数据线

    C. PLC 不能断电

D. 以上都是

58. 带电流正反馈、电流截止负反馈的电压负反馈调速系统具有"挖土机特性"，这主要与（　　　）有关。

    A. 电流正反馈   B. 电流截止负反馈   C. 电压负反馈   D. 其他环节

59. 三相半波可控整流电路由（　　　）只晶闸管组成。

    A. 3   B. 5   C. 4   D. 2

60. 在 FX2N PLC 中，T100 的定时精度为（　　　）。

    A. 1 ms   B. 10 ms   C. 100 ms   D. 10 s

61. FX2N 系列 PLC 编程软件的功能不包括（　　　）。

    A. 读取程序   B. 监控   C. 仿真   D. 绘图

62. 转速电流双闭环调速系统，电动机转速可调，低速时性能正常，但当给定电压大于某个值时电动机转速反而下降，这时速度波动大，系统静差率指标明显恶化。此故障的可能原因有（　　　）。

    A. 电流调节器 ACR 限幅值整定不当

    B. 速度调节器 ASR 限幅值整定不当

    C. 速度调节器 ASR 调节器的 P 参数整定不当

    D. 速度调节器 ASR 调节器的 I 参数整定不当

63. 以下 FX2N 系列可编程序控制器程序，实现的功能是（　　　）。

```
   X000
0  ──┤├──────────────────────────────────[SET    Y000  ]

   X001
2  ──┤├──────────────────────────────────[RST    Y000  ]
```

　　　A. X1 不起作用　　B. Y0 始终得电　　　C. Y0 不能得电　　　D. 等同于启保停

64. PLC 输入模块本身的故障描述正确的是（　　　）。

①没有输入信号，输入模块指示灯不亮是输入模块的常见故障

②PLC 输入模块本身的故障可能性极小，故障主要来自外围的元部件

③输入模块电源接反会烧毁输入端口的元器件

④PLC 输入使用内部电源时，给信号时指示灯不亮，可能是内部电源烧坏

　　　A. ①②③　　　　B. ②③④　　　　　C. ①③④　　　　D. ①②④

65. PLC 中 "AC" 灯不亮表示（　　　）。

　　　A. 故障　　　　　B. 短路　　　　　　C. 无工作电源　　　D. 不会亮

66. 双闭环调速系统中转速调节器一般采用 PI 调节器，P 参数的调节主要影响系统的（　　　）。

　　　A. 稳态性能　　　B. 动态性能　　　　C. 静差率　　　　D. 调节时间

67. 以下不属于 PLC 硬件故障的是（　　　）。

　　　A. 动作联锁条件故障　　　　　　　B. 电源模块故障

　　　C. I/O 模块故障　　　　　　　　　D. CPU 模块故障

68. 自动调速系统应归类在（　　　）。

　　　A. 过程控制系统　　　　　　　　　B. 采样控制系统

　　　C. 恒值控制系统　　　　　　　　　D. 智能控制系统

69. 三相半波可控整流电路电感性负载无续流管，晶闸管电流有效值是输出电流平均值的（　　）倍。

　　　A. 0.333　　　　B. 0.577　　　　　C. 0.707　　　　　D. 0.9

70. （　　　）与交流伺服电动机相似，因输出的线性度较差，仅用于要求不高的检测场合。

　　　A. 笼式转子异步测速发电机　　　　B. 空心杯转子异步测速发电机

71. 任何单位和个人不得非法占用变电设施用地、输电线路走廊和（　　　）。

　　　A. 电缆通道　　　B. 电线　　　　　C. 电杆　　　　　D. 电话

72. 在转速电流双闭环调速系统中，励磁整流电路可采用（　　　）。

　　　A. 高性能的稳压电路　　　　　　　B. 一般稳压电路加滤波即可

　　　C. 高性能的滤波及稳压电路　　　　D. 专用稳压电源

73. 当集成译码器 74LS138 的 3 个使能端都满足要求时，其输出端为（　　　）有效。

　　　A. 高电平　　　　B. 低电平　　　　　C. 高阻　　　　　D. 低阻

74. 以下属于 PLC 与计算机正确连接方式的是（　　　）。

　　　A. 不能进行连接　　　　　　　　　B. 不需要通信线

　　　C. RS232 通信线连接　　　　　　　D. 电缆线连接

75. 步进电动机带额定负载不失步启动的最高频率，称为步进电机的（　　　）。

    A. 启动频率   B. 工作频率   C. 额定频率   D. 最高频率

76. PLC 控制系统的主要设计内容不包括（　　　）。

    A. 选择用户输入设备、输出设备，以及由输出设备驱动的控制对象

    B. PLC 的选择

    C. PLC 的保养和维护

    D. 分配 I/O 点，绘制电气连接图，考虑必要的安全保护措施

77. 测速发电机的用途广泛，可作为（　　　）。

    A. 检测速度的元件、微分、积分元件   B. 微分、积分元件、功率放大元件

    C. 加速或延迟信号、执行元件   D. 检测速度的元件、执行元件

78. 晶闸管触发电路所产生的触发脉冲信号必须要（　　　）。

    A. 有一定的频率   B. 有一定的电抗

    C. 有一定的宽度   D. 有一定的电位

79. 电动机停车要精确定位，防止爬行时，变频器应采用（　　　）的方式。

    A. 能耗制动加直流制动   B. 能耗制动

    C. 直流制动   D. 回馈制动

80. 在以下 FX2N PLC 程序中，当 Y2 得电后，（　　　）还可以得电。

    A. Y1   B. Y3   C. Y4   D. Y3 和 Y4

81. 以下 FX2N 可编程序控制器控制电动机星三角启动时，（　　　）是星形启动输出继电器。

A. Y0 和 Y1　　　　B. Y0 和 Y2　　　　C. Y1 和 Y2　　　　D. Y2

82. (　　) 不是 PLC 控制系统设计的原则。

A. 只需保证控制系统的生产要求即可，其他无须考虑

B. 最大限度地满足生产机械或生产流程对电气控制的要求

C. 在满足控制系统要求的前提下，力求使系统简单、经济、操作和维护方便

D. PLC 的 I/O 点数要留有一定的裕量

83. 反馈控制系统主要由 (　　)、比较器和控制器构成，利用输入与反馈两信号比较后的偏差作为控制信号来自动地纠正输出量与期望值之间的误差，是一种精确控制系统。

A. 给定环节　　　B. 补偿环节　　　C. 放大器　　　　D. 检测环节

84. 异步测速发电机的空心杯转子是用 (　　) 材料做成的。

A. 低电阻　　　　B. 高电阻　　　　C. 低导磁　　　　D. 高导磁

85. 由于比例调节是依靠输入偏差来进行调节的，因此比例调节系统中必定 (　　)。

A. 有静差　　　　B. 无静差　　　　C. 动态无静差　　　D. 不确定

86. 坚持办事公道，要努力做到 (　　)。

A. 公私不分　　　B. 有求必应　　　C. 公正公平　　　D. 全面公开

87. 西门子 6RA70 全数字直流调速器使用时，若要恢复工厂设置参数，下列设置 (　　) 可实现该功能。

A. P051 = 21　　　B. P051 = 25　　　C. P051 = 26　　　D. P051 = 29

88. 直流电动机启动时没加励磁，电动机会过热烧毁，原因是电动机不转时 (　　)，导致电枢电流很大。

A. 电枢回路的电阻很小　　　　　　B. 电枢回路的反电动势很高

C. 电枢电压高　　　　　　　　　　D. 电枢回路的反电动势为零

89. 下图实现的功能是 (　　)。

A. 输入软元件强制执行　　　　　　B. 输出软元件强制执行

C. 计数器元件强制执行　　　　　　D. 以上都不是

90. 三相半波可控整流电路电阻性负载的输出电压波形在控制角 (　　) 时出现断续。

A. $\alpha > 45°$　　　B. $\alpha > 30°$　　　C. $\alpha > 90°$　　　D. $\alpha > 60°$

91. 工程设计中的调速精度指标要求在所有调速特性上都能满足，故应是调速系统 (　　) 特性的静差率。

A. 最高调速　　　B. 额定转速　　　C. 平均转速　　　D. 最低转速

92. 三相六拍运行比三相双三拍运行时 (　　)。

A. 步距角不变　　B. 步距角增加一半　　C. 步距角减少一半　　D. 步距角增加一倍

93. 在自控系统中（　　　）常用来使调节过程加速。

    A. PI 调节器　　　　　B. D 调节器　　　　　C. PD 调节器　　　　　D. ID 调节器

94. PLC 更换输出模块时，要在（　　　）情况下进行。

    A. PLC 输出开路状态下　　　　　　　B. PLC 短路状态下

    C. 断电状态下　　　　　　　　　　　D. 以上都是

95. 民用住宅的供电电压是（　　　）。

    A. 380 V　　　　　B. 220 V　　　　　C. 50 V　　　　　D. 36 V

96. T68 镗床主轴电动机的高速与低速之间的互锁保护由（　　　）实现。

    A. 速度继电器常开触点　　　　　　　B. 接触器常闭触点

    C. 中间继电器常开触点　　　　　　　D. 热继电器常闭触点

97. 集成运放电路的电源端可外接（　　　），防止其极性接反。

    A. 三极管　　　　B. 二极管　　　　C. 场效应管　　　　D. 稳压管

98. PLC 程序能对（　　　）进行检查。

    A. 输出量　　　　　　　　　　　　　B. 模拟量

    C. 晶体管　　　　　　　　　　　　　D. 双线圈、指令、梯形图

99. 并联电路中加在每个电阻两端的电压都（　　　）。

    A. 不等　　　　　　　　　　　　　　B. 相等

    C. 等于各电阻上电压之和　　　　　　D. 分配的电流与各电阻值成正比

100. 关于创新的论述，不正确的说法是（　　　）。

    A. 创新需要"标新立异"　　　　　　　B. 服务也需要创新

    C. 创新是企业进步的灵魂　　　　　　D. 引进别人的新技术不算创新

101. PLC 编程软件安装方法不正确的是（　　　）。

    A. 安装选项中，所有选项都要打钩

    B. 先安装通用环境，解压后，进入相应文件夹，单击安装

    C. 在安装的时候，最好把其他应用程序关掉，包括杀毒软件

    D. 安装前，请确定下载文件的大小及文件名称

102. 在电压负反馈调速系统中，电流正反馈环节实质为转速降补偿控制，因此是（　　　）。

    A. 有静差调速系统　　　　　　　　　B. 无静差调速系统

    C. 全补偿时是无静差调速系统　　　　D. 难以确定静差有无的调速系统

103. 双闭环直流调速系统启动时，速度给定电位器应从零开始缓加电压，主要目的是（　　　）。

    A. 防止速度调节器 ASR 启动时饱和　B. 保护晶闸管防止过电压

    C. 保护晶闸管和电动机　　　　　　　D. 防止电流调节器 ACR 启动时限幅

104. 交流异步电动机的电磁转矩与（　　　）关系。

    A. 定子电压成反比　　　　　　　　　B. 定子电压的平方成反比

    C. 定子电压成正比　　　　　　　　　D. 定子电压的平方成正比

105. 用 PLC 控制可以节省大量继电 – 接触器控制电路中的（　　　）。

    A. 熔断器　　　　　　　　　　　　　B. 交流接触器

    C. 开关　　　　　　　　　　　　　　D. 中间继电器和时间继电器

106. 三相半波可控整流电路大电感负载无续流管，每个晶闸管电流平均值是输出电流平均值的（　　）。

    A. 1/3   B. 1/2   C. 1/6   D. 1/4

107. 永磁式直流测速发电机受温度变化的影响较小，输出变化小，（　　）。

    A. 斜率高，线性误差大   B. 斜率低，线性误差大

    C. 斜率低，线性误差小   D. 斜率高，线性误差小

108. 集成译码器无法工作，首先应检查（　　）的状态。

    A. 输入端   B. 输出端   C. 清零端   D. 使能端

109. 一台大功率电动机，变频调速运行在低速段时电动机过热，此故障的原因可能是（　　）。

    A. 电动机参数设置不正确   B. U/f 比设置不正确

    C. 电动机功率小   D. 低速时电动机自身散热不能满足要求

110. 自动调速系统中积分环节的特点是（　　）。

    A. 具有瞬时响应能力   B. 具有超前响应能力

    C. 响应具有滞后作用   D. 具有纯延时响应

111. 符合文明生产要求的做法是（　　）。

    A. 为了提高生产效率，增加工具损坏率

    B. 下班前搞好工作现场的环境卫生

    C. 工具使用后随意摆放

    D. 冒险带电作业

112. 欧陆 514 调速器组成的电压电流双闭环系统中，如果要使主回路允许最大电流值减小，应使（　　）。

    A. ASR 输出电压限幅值增加   B. ACR 输出电压限幅值增加

    C. ASR 输出电压限幅值减小   D. ACR 输出电压限幅值减小

113. 变频器网络控制的主要内容是（　　）。

    A. 启停控制、转向控制、显示控制   B. 启停控制、转向控制、电机参数控制

    C. 频率控制、显示控制   D. 频率控制、启停控制、转向控制

114. 转速、电流双闭环调速系统，在负载变化时出现转速偏差，消除此偏差主要靠（　　）。

    A. 电流调节器   B. 转速、电流两个调节器

    C. 转速调节器   D. 电流正反馈补偿

115. 电压负反馈调速系统中，若电流截止负反馈也参与系统调节作用时，说明主电路中电枢电流（　　）。

    A. 过大   B. 过小   C. 正常   D. 不确定

116. 转速电流双闭环调速系统稳态时，转速 n 与速度给定电压 U_{gn}、速度反馈系数 α 之间的关系是：（　　）。

    A. $n \neq U_{gn}/\alpha$ B. $n \geq U_{gn}/\alpha$ C. $n = U_{gn}/\alpha$ D. $n \leq U_{gn}/\alpha$

117. 下面说法中正确的是（　　）。

    A. 上班穿什么衣服是个人的自由   B. 服装价格的高低反映了员工的社会地位

    C. 上班时要按规定穿整洁的工作服   D. 女职工应该穿漂亮的衣服上班

118. 根据仪表取得读数的方法可分为（　　　）。

    A. 指针式　　　　B. 数字式　　　　　　C. 记录式　　　　　　D. 以上都是

119. 在一个程序中同一地址的线圈只能出现（　　　）。

    A. 三次　　　　　B. 二次　　　　　　　C. 四次　　　　　　　D. 一次

120. 扳手的手柄越长，使用起来越（　　　）。

    A. 省力　　　　　B. 费力　　　　　　　C. 方便　　　　　　　D. 便宜

121. PLC 程序的检查内容是（　　　）。

    A. 继电器检测

    B. 红外检测

    C. 指令检查、梯形图检查、软元件检查等

    D. 以上都有

122. 导线截面的选择通常是由（　　　）、机械强度、电流密度、电压损失和安全载流量等因素决定的。

    A. 磁通密度　　　B. 绝缘强度　　　　　C. 发热条件　　　　　D. 电压高低

123. 以下属于 PLC 外围输出故障的是（　　　）。

    A. 电磁阀故障　　　　　　　　　　　B. 继电器故障

    C. 电动机故障　　　　　　　　　　　D. 以上都是

124. 国产 CYD 系列高灵敏直流测速发电机，具有结构简单、耦合度好、（　　　）、反应快、可靠性好的特点。

    A. 输出比电势低、线性误差小　　　　B. 输出比电势高、线性误差小

    C. 输出比电势高、线性误差大　　　　D. 输出比电势低、线性误差大

125. 由与非门组成的可控 RS 触发器，当 RS 为（　　　）时，触发器处于不定状态。

    A. 00　　　　　　B. 01　　　　　　　　C. 10　　　　　　　　D. 11

126. 对采用 PI 调节器的无静差调速系统，若要提高系统快速响应能力，应（　　　）。

    A. 整定 P 参数，减小比例系数　　　　B. 整定 I 参数，加大积分系数

    C. 整定 P 参数，加大比例系数　　　　D. 整定 I 参数，减小积分系数

127. 测得某电路板上晶体三极管 3 个电极对地的直流电位分别为 $V_E = 3$ V，$V_B = 3.7$ V，$V_C = 3.3$ V，则该管工作在（　　　）。

    A. 放大区　　　　B. 饱和区　　　　　　C. 截止区　　　　　　D. 击穿区

128. 在使用 FX2N 可编程序控制器控制车床运行时，顺控指令结束时必须使用（　　　）。

```
     X004
62 ──┤├──────────────────────────────────────[SET    S25    ]

65 ─────────────────────────────────────────[STL    S35    ]

66 ────────────────────────────────[ZRST   S20    S25    ]

71 ──────────────────────────────────────────────[RET    ]

72 ──────────────────────────────────────────────[END    ]
```

A. STL   B. ZRST   C. RET   D. END

129. 晶闸管触发电路的同步主要是解决两个问题：一是如何保证各晶闸管的（ ）一致，二是如何保证同步电压相位的相适应。

  A. 控制角   B. 同步角   C. 功率角   D. 偏置角

130. 下列关于勤劳节俭的论述中，不正确的选项是（ ）。

  A. 勤劳节俭能够促进经济和社会发展

  B. 勤劳是现代市场经济需要的，而节俭则不宜提倡

  C. 勤劳和节俭符合可持续发展的要求

  D. 勤劳节俭有利于企业增产增效

131. 三相全控桥式整流电路电感性负载无续流管，控制角 α 的移相范围是（ ）。

  A. $0° \sim 30°$ B. $0° \sim 60°$ C. $0° \sim 90°$ D. $0° \sim 120°$

132. 三相半波可控整流电路电感性负载的输出电流波形（ ）。

  A. 控制角 $\alpha > 30°$ 时出现断续   B. 正电流部分大于负电流部分

  C. 与输出电压波形相似   D. 是一条近似的水平线

133. KC04 集成触发电路在 3 脚与 4 脚之间的外接电容器 C_1 上形成（ ）。

  A. 正弦波   B. 三角波   C. 锯齿波   D. 方波

134. 如图所示，为（ ）三极管图形符号。

  A. 普通   B. 发光   C. 光电   D. 恒流

135. （ ）反映导体对电流起阻碍作用的大小。

  A. 电动势   B. 功率   C. 电阻率   D. 电阻

136. 转速负反馈直流调速系统具有良好的抗干扰性能，它能有效地抑制（ ）。

  A. 给定电压变化的扰动   B. 一切前向通道上的扰动

  C. 反馈检测电压变化的扰动   D. 电网电压及负载变化的扰动

137. 变频器过载故障的原因可能是：（ ）。

  A. 加速时间设置太短、电网电压太高

  B. 加速时间设置太短、电网电压太低

  C. 加速时间设置太长、电网电压太高

  D. 加速时间设置太长、电网电压太低

138. 三相桥式可控整流电路电感性负载，控制角 α 增大时，输出电流波形（ ）。

  A. 降低   B. 升高   C. 变宽   D. 变窄

139. 以下不属于 PLC 与计算机正确连接方式的是（ ）。

  A. RS232 通信连接   B. 超声波通信连接

  C. RS422 通信连接   D. RS485 通信连接

140. 电伤是指电流的（ ）。

  A. 热效应   B. 化学效应   C. 机械效应   D. 以上都是

141. 职工对企业诚实守信应该做到的是（ ）。

A. 忠诚所属企业，无论何种情况都始终把企业利益放在第一位

B. 维护企业信誉，树立质量意识和服务意识

C. 扩大企业影响，多对外谈论企业之事

D. 完成本职工作即可，谋划企业发展由有见识的人来做

142. （　　）用来观察电子电路信号的波形及数值。

A. 数字万用表　　　　　　　　　B. 电子毫伏表

C. 示波器　　　　　　　　　　　D. 信号发生器

143. 步进电动机的驱动方式有多种，（　　）目前普遍应用。由于这种驱动在低频时电流有较大的上冲，电动机低频噪声较大，低频共振现象存在，使用时要注意。

A. 细分驱动　　B. 单电压驱动　　C. 高低压驱动　　D. 斩波驱动

144. 电功率的常用单位有（　　）。

A. 焦耳　　　　B. 伏安　　　　　C. 欧姆　　　　　D. 瓦、千瓦、毫瓦

145. 三相全控桥式整流电路电感性负载无续流管，输出电压平均值的计算公式是（　　）。

A. $U_d = 1.17U_2\cos\alpha$　$(0° \leqslant \alpha \leqslant 90°)$　　B. $U_d = 2.34U_2\cos\alpha$　$(0° \leqslant \alpha \leqslant 90°)$

C. $U_d = 0.45U_2\cos\alpha$　$(0° \leqslant \alpha \leqslant 90°)$　　D. $U_d = 0.9U_2\cos\alpha$　$(0° \leqslant \alpha \leqslant 90°)$

146. 以下 FX2N 可编程序控制器控制多速电动机运行时，X0 不使用自锁，是因为（　　）。

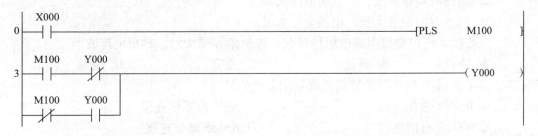

A. X0 是点动按钮　　　　　　　B. Y0 自身能自锁

C. Y0 自身带自锁　　　　　　　D. X0 是自锁开关

147. 旋转式步进电动机有多种，现代应用最多的是（　　）步进电动机。

A. 反应式　　　B. 永磁式　　　　C. 混合式　　　　D. 索耶式

148. 伏安法测电阻是根据（　　）来算出数值。

A. 欧姆定律　　B. 直接测量法　　C. 焦耳定律　　　D. 基尔霍夫定律

149. 以下程序是对输入信号 X0 进行（　　）分频。

A. 五　　　　　B. 四　　　　　　C. 三　　　　　　D. 二

150. T68 镗床主轴电动机只能工作在低速挡，不能在高速挡工作的原因是（　　）。

A. 速度继电器故障　　　　　　　B. 行程开关 SQ 故障

C. 热继电器故障　　　　　　　　　　D. 熔断器故障

151. 在下面 FX2N PLC 程序中，使用 RST 的目的是（　　　）。

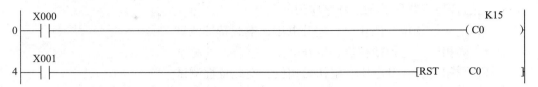

A. 对 C0 复位　　B. 断开 C0　　　　　C. 接通 C0　　　　　D. 以上都是

152. 两片集成计数器 74LS192，最多可构成（　　）进制计数器。

A. 100　　　　　　B. 50　　　　　　C. 10　　　　　　D. 9

153. 在使用 FX2N 可编程序控制器控制交通灯时，将相对方向的同色灯并联起来，是为了（　　　）。

A. 节省 PLC 输出口　　　　　　　　B. 节约用电

C. 简化程序　　　　　　　　　　　D. 减少输入口

154. （　　）的工频电流通过人体时，就会有生命危险。

A. 0.1 mA　　　　B. 1 mA　　　　　C. 15 mA　　　　　D. 50 mA

155. 在以下 PLC 梯形图程序中，0 步和 3 步实现的功能（　　　）。

```
      X000
0 ─────│↑│─────────────────────────────────────( Y000 )
      X001
3 ─────│↓│─────────────────────────────────────( Y001 )
```

A. 0 步是定时指令，3 步是下降沿脉冲指令

B. 一样

C. 0 步是计数指令，3 步是下降沿脉冲指令

D. 3 步是上升沿脉冲指令，0 步是顺控指令

156. 三相全控桥式整流电路电阻负载，电流连续与断续的分界点是控制角 α =（　　　）。

A. 30°　　　　　　B. 60°　　　　　　C. 90°　　　　　　D. 120°

157. 下图是（　　　）方式的模拟状态。

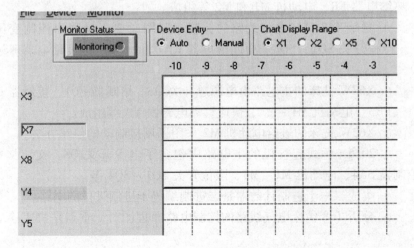

A. 没有仿真　　　　　　　　　　B. 主控电路

C. 变量模拟　　　　　　　　　　D. 时序图仿真

158. 晶闸管整流装置的调试顺序应为（　　）。

A. 定初始相位、测相序、空升电压、空载特性测试

B. 测相序、定初始相位、空升电压、空载特性测试

C. 测相序、空升电压、定初始相位、空载特性测试

D. 测相序、空升电压、空载特性测试、定初始相位

159. PLC 控制系统设计的步骤描述不正确的是（　　）。

A. PLC 的 I/O 点数要大于实际使用数的两倍

B. PLC 程序调试时进行模拟调试和现场调试

C. 系统交付前，要根据调试的最终结果整理出完整的技术文件

D. 确定硬件配置，画出硬件接线图

160. 集成运放电路（　　），会损坏运放。

A. 两输入端电压过高　　　　　　B. 输入电流过大

C. 两输入端短接　　　　　　　　D. 两输入端接反

二、判断题（第 161 题～第 200 题，每题 0.5 分，共 20 分。）

161. （　　）分析 X62W 铣床电气线路控制电路工作原理的重点是进给电动机 M2 的正反转、冷却泵电动机 M3 的启停控制过程。

162. （　　）电气控制线路图测绘的一般步骤是设备停电，先画出电气原理图，再画电器接线图，最后画出电器布置图。

163. （　　）计数器是对输入信号进行计算的电路。

164. （　　）电气线路测绘前先要操作一遍测绘对象的所有动作，找出故障点，准备工具仪表等。

165. （　　）集成移位寄存器可实现环形计数器的功能。

166. （　　）组合逻辑电路的常用器件有加法器、计数器、编码器等。

167. （　　）X62W 铣床的主轴电动机 M1 采用了反接制动的停车方法。

168. （　　）T68 镗床电气控制主电路由电源开关 QS、熔断器 FU1 和 FU2、接触器 KM1～KM7、热继电器 FR、电动机 M1 和 M2 等组成。

169. （　　）测绘 T68 镗床电气线路的控制电路图时要正确画出控制变压器 TC、按钮 SB1～SB5、行程开关 SQ1～SQ8、中间继电器 KA1 和 KA2、速度继电器 KS、时间继电器 KT 等。

170. （　　）X62W 铣床的主电路由电源总开关 QS、熔断器 FU1、接触器 KM1～KM6、热继电器 FR1～FR3、电动机 M1～M3、快速移动电磁铁 YA 等组成。

171. （　　）X62W 铣床的进给电动机 M2 采用了反接制动的停车方法。

172. （　　）20/5 t 桥式起重机的主电路中包含了电源开关 QS、交流接触器 KM1～KM4、凸轮控制器 SA4、电动机 M1～M5、限位开关 SQ1～SQ4 等。

173. （　　）集成二—十进制计数器是二进制编码十进制进位的电路。

174. （　　）分析 T68 镗床电气线路的控制电路原理图时，重点是快速移动电动机 M2 的控制。

175. （　　） X62W 铣床的回转控制可以用于普通工作台的场合。

176. （　　） 20/5 t 桥式起重机的主钩电动机都是由凸轮控制器实现正反转控制。

177. （　　） 组合逻辑门电路的输出只与输入有关。

178. （　　） 时序逻辑电路通常由触发器等器件构成。

179. （　　） X62W 铣床进给电动机 M2 的前后（横向）和升降十字操作手柄有上、下、中三个位置。

180. （　　） T68 镗床的主轴电动机采用全压启动方法。

181. （　　） T68 镗床的主轴电动机采用了电源两相反接制动方法。

182. （　　） 20/5 t 桥式起重机合上电源总开关 QS1 并按下启动按钮 SB 后，主接触器 KM 不吸合的唯一原因是各凸轮控制器的手柄不在零位。

183. （　　） 集成运放电路只能应用于运算功能的电路。

184. （　　） 电气线路测绘前要检验被测设备是否有电，无论什么情况都不能带电作业。

185. （　　） 测绘 T68 镗床电气控制主电路图时要画出电源开关 QS、熔断器 FU1 和 FU2、接触器 KM1 ~ KM7、按钮 SB1 ~ SB5 等。

186. （　　） 测绘 T68 镗床电气线路的控制电路图时要正确画出控制变压器 TC、按钮 SB1 ~ SB5、行程开关 SQ1 ~ SQ8、电动机 M1 和 M2 等。

187. （　　） 集成移位寄存器可实现左移、右移功能。

188. （　　） 组合逻辑电路的典型应用有译码器及编码器。

189. （　　） 职业道德是一种非强制性的约束机制。

190. （　　） 20/5 t 桥式起重机的保护电路由紧急开关 QS4、过电流继电器 KC1 ~ KC5、欠电压继电器 KV、电阻器 R_1 ~ R_5、热继电器等组成。

191. （　　） 测绘 X62W 铣床电器位置图时要画出电动机、按钮、行程开关等在机床中的具体位置。

192. （　　） X62W 铣床主轴电动机 M1 的冲动控制是由位置开关 SQ7 接通反转接触器 KM2 一下。

193. （　　） 20/5 t 桥式起重机的小车电动机可以由凸轮控制器实现启动、调速和正反转控制。

194. （　　） X62W 铣床的照明灯由控制照明变压器 TC 提供 36 V 的安全电压。

195. （　　） 测绘 T68 镗床电器位置图时要画出 2 台电动机在机床中的具体位置。

196. （　　） 电气线路测绘前先要了解测绘的对象，了解控制过程、布线规律，准备工具仪表等。

197. （　　） 20/5 t 桥式起重机合上电源总开关 QS1 并按下启动按钮 SB 后，主接触器 KM 不吸合的原因之一是凸轮控制器的手柄不在零位。

198. （　　） 集成二—十进制计数器可通过显示译码器将计数结果显示出来。

199. （　　） 测绘 T68 镗床电气控制主电路图时要正确画出电源开关 QS、熔断器 FU1 和 FU2、接触器 KM1 ~ KM7、热继电器 FR、电动机 M1 和 M2 等。

200. （　　） X62W 铣床主轴电动机不能启动的原因之一是热继电器动作后没有复位。

模拟试题（五）

一、单项选择（第 1 题～第 160 题，每题 0.5 分，共 80 分）

1. 三相半波可控整流电路电阻性负载的输出电流波形在控制角 $\alpha <$ （　　）时连续。

2. PLC 输出模块出现故障处理不当的是（　　）。
   - A. 出现故障首先检查供电电源是否错误
   - B. 断电后使用万用表检查端子接线，判断是否出现断路
   - C. 考虑模板安装是否出现问题
   - D. 直接使用万用表欧姆挡检查

3. 双闭环调速系统中转速调节器一般采用 PI 调节器，I 参数的调节主要影响系统的（　　）。
   - A. 稳态性能
   - B. 动态性能
   - C. 静差率
   - D. 调节时间

4. 三相半控桥式整流电路电感性负载每个晶闸管电流平均值是输出电流平均值的（　　）。
   - A. 1/6
   - B. 1/4
   - C. 1/2
   - D. 1/3

5. 三相半控桥式整流电路由（　　）晶闸管和三只功率二极管组成。
   - A. 四只
   - B. 一只
   - C. 二只
   - D. 三只

6. 在带电流截止负反馈的调速系统中，为安全起见还安装快速熔断器、过电流继电器等，在整定电流时，应使（　　）。
   - A. 堵转电流 > 熔体额定电流 > 过电流继电器动作电流
   - B. 熔体额定电流 > 堵转电流 > 过电流继电器动作电流
   - C. 熔体额定电流 > 过电流继电器动作电流 > 堵转电流
   - D. 过电流继电器动作电流 > 熔体额定电流 > 堵转电流

7. 射极输出器的输出电阻小，说明该电路的（　　）。
   - A. 带负载能力强
   - B. 带负载能力差
   - C. 减轻前级或信号源负荷
   - D. 取信号能力强

8. 在突加输入信号之初，PI 调节器相当于一个（　　）。
   - A. P 调节器
   - B. I 调节器
   - C. 惯性环节
   - D. 延时环节

9. 劳动安全卫生管理制度对未成年工给予了特殊的劳动保护，规定严禁一切企业招收未满（　　）的童工。
   - A. 14 周岁
   - B. 15 周岁
   - C. 16 周岁
   - D. 18 周岁

10. 时序逻辑电路的计数器按与时钟脉冲关系可分为（　　）。
    - A. 加法计数器
    - B. 减法计数器
    - C. 可逆制计数器
    - D. 以上都是

11. 集成显示译码器是按（　　）来显示的。
    - A. 高电平
    - B. 低电平
    - C. 字形
    - D. 低阻

12. 三相半波可控整流电路的三相整流变压器二次侧接成（　　）。
    - A. △接法
    - B. Y接法
    - C. 桥式接法
    - D. 半控接法

13. PLC 通过（　　）寄存器保持数据。

A. 掉电保持　　　　B. 时间　　　　　　C. 硬盘　　　　　　D. 以上都不是

14. 在 FX2N PLC 中配合使用 PLS 可以实现（　　）功能。

A. 计数　　　　　B. 计时　　　　　　C. 分频　　　　　　D. 倍频

15. 步进电动机的驱动方式有多种，（　　）目前普遍应用。由于这种驱动在低频时电流有较大的上冲，电动机低频噪声较大，低频共振现象存在，使用时要注意。

A. 细分驱动　　　B. 单电压驱动　　　C. 高低压驱动　　　D. 斩波驱动

16. 三相全控桥式整流电路电阻负载，控制角 α 的移相范围是（　　）。

A. 0°~30°　　　B. 0°~60°　　　　C. 0°~90°　　　　D. 0°~120°

17. 转速负反馈调速系统能随负载的变化而自动调节整流电压，从而补偿（　　）的变化。

A. 电枢电阻压降　　　　　　　　　　B. 整流电路电阻压降

C. 平波电抗器与电刷压降　　　　　　D. 电枢回路电阻压降

18. 选用量具时，不能用千分尺测量（　　）的表面。

A. 精度一般　　　B. 精度较高　　　　C. 精度较低　　　　D. 粗糙

19. PLC 中 "BATT" 灯出现红色表示（　　）。

A. 故障　　　　　B. 开路　　　　　　C. 欠压　　　　　　D. 过流

20. X62W 铣床三相电源缺相会造成（　　）不能启动。

A. 主轴一台电动机　　　　　　　　　B. 三台电动机都

C. 主轴和进给电动机　　　　　　　　D. 快速移动电磁铁

21. KC04 集成触发电路一个周期内可以从 1 脚和 15 脚分别输出相位差（　　）的两个窄脉冲。

A. 60°　　　　　B. 90°　　　　　　C. 120°　　　　　D. 180°

22. X62W 铣床进给电动机 M2 的（　　）有左、中、右三个位置。

A. 前后（横向）和升降十字操作手柄

B. 左右（纵向）操作手柄

C. 高低速操作手柄

D. 启动制动操作手柄

23. 分析 X62W 铣床主电路工作原理图时，首先要看懂主轴电动机 M1 的正反转电路、（　　），然后再看进给电动机 M2 的正反转电路，最后看冷却泵电动机 M3 的电路。

A. Y-△启动电路　　　　　　　　　B. 高低速切换电路

C. 制动及冲动电路　　　　　　　　　D. 降压启动电路

24. 可控 RS 触发器，易在 $CP=1$ 期间出现（　　）现象。

A. 翻转　　　　　B. 置 0　　　　　　C. 置 1　　　　　　D. 空翻

25. 任何单位和个人不得危害发电设施、（　　）和电力线路设施及其有关辅助设施。

A. 变电设施　　　B. 用电设施　　　　C. 保护设施　　　　D. 建筑设施

26. 转速负反馈有静差调速系统中，当负载增加以后，转速要下降，系统自动调速以后，使电动机的转速（　　）。

A. 以恒转速旋转　　　　　　　　　　B. 等于原来的转速

C. 略低于原来的转速　　　　　　　　D. 略高于原来的转速

27. 恒功率负载变频调速的主要问题是如何减小传动系统的容量。常见的恒功率负载有

（   ）。

    A. 起重机、车床   B. 带式输送机、车床

    C. 带式输送机、起重机   D. 薄膜卷取机、车床

28. 速度检测与反馈电路的精度，对调速系统的影响是（   ）。

    A. 决定系统稳态精度   B. 只决定速度反馈系数

    C. 只影响系统动态性能   D. 不影响，系统可自我调节

29. 20/5 t 桥式起重机电气线路的控制电路中包含了主令控制器 SA4、紧急开关 QS4、（   ）、过电流继电器 KC1 ～ KC5、限位开关 SQ1 ～ SQ4、欠电压继电器 KV 等。

    A. 电动机 M1 ～ M5   B. 启动按钮 SB

    C. 电磁制动器 YB1 ～ YB6   D. 电阻器 R_1 ～ R_5

30. 高分辨率且高精度的办公自动化设备中，要求步进电动机的步距角小、较高的启动频率、控制功率小、良好的输出转矩和加速度，则应选（   ）。

    A. 反应式直线步进电动机   B. 永磁式步进电动机

    C. 反应式步进电动机   D. 混合式步进电动机

31. 当交流测速发电机的转子转动时，由杯形转子电流产生的磁场与输出绕组轴线重合，在输出绕组中感应的电动势的频率与（   ）。

    A. 励磁电压频率相同，与转速相关   B. 励磁电压频率不同，与转速无关

    C. 励磁电压频率相同，与转速无关   D. 转速相关

32. 电压负反馈调速系统对（   ）有补偿能力。

    A. 励磁电流的扰动   B. 电刷接触电阻扰动

    C. 检测反馈元件扰动   D. 电网电压扰动

33. 与环境污染相关且并称的概念是（   ）。

    A. 生态破坏   B. 电磁辐射污染   C. 电磁噪声污染   D. 公害

34. 集成运放电路非线性应用要求（   ）。

    A. 开环或加正反馈   B. 负反馈

    C. 输入信号要大   D. 输出要加限幅电路

35. 自动控制系统正常工作的首要条件是（   ）。

    A. 系统闭环负反馈控制   B. 系统恒定

    C. 系统可控   D. 系统稳定

36. X62W 铣床的主轴电动机 M1 采用了（   ）启动方法。

    A. 全压   B. 定子减压   C. Ｙ－△   D. 变频

37. PLC 输入模块的故障处理方法正确的是（   ）。

①有输入信号但是输入模块指示灯不亮时应检查是不是输入直流电源的正负极接反

②若一个 LED 逻辑指示灯变暗，而且根据编程器件监视器，处理器未识别输入，则输入模块可能存在故障

③指示器不亮，万用表检查有电压，直接说明输入模块烧毁了

④出现输入故障时，首先检查 LED 电源指示灯是否响应现场元件（如按钮、行程开关等）

    A. ①②③   B. ②③④   C. ①②④   D. ①③④

38. 一台软启动器可控制三台电动机（   ）的启动操作，但软停车的功能、电动机过

载保护功能均不能使用。

    A. 串联后　　　　B. 混联后　　　　　　C. 不分先后　　　　　　D. 分时先后

39. PLC 输出模块故障包括（　　　）。

    A. 输出模块 LED 指示灯不亮　　　　　　　B. 输出模块 LED 指示灯常亮不熄灭

    C. 输出模块没有电压　　　　　　　　　　D. 以上都是

40. 测绘 T68 镗床电器位置图时，重点要画出两台电动机、电源总开关、按钮、（　　　）以及电器箱的具体位置。

    A. 接触器　　　　B. 行程开关　　　　　C. 熔断器　　　　　　　D. 热继电器

41. （　　　）直流测速发电机受温度变化的影响较小，输出变化小，斜率高，线性误差小，应用最多。

    A. 电磁式　　　　B. 他励式　　　　　　C. 永磁式　　　　　　　D. 霍尔无刷式

42. 单相桥式可控整流电路大电感负载有续流管的输出电压波形中，在控制角 α =（　　　）时，有输出电压的部分等于没有输出电压的部分。

    A. 90°　　　　　B. 120°　　　　　　C. 150°　　　　　　　D. 180°

43. 软启动器进行启动操作后，电动机运转，但长时间达不到额定值，其故障原因不可能是（　　　）。

    A. 启动参数不合适　　　　　　　　　　　B. 启动线路接线错误

    C. 启动控制方式不当　　　　　　　　　　D. 晶闸管模块故障

44. 西门子 MM420 变频器 P0003、P0004 分别用于设置（　　　）。

    A. 访问参数等级、访问参数层级　　　　　B. 显示参数、访问参数层级

    C. 访问参数等级、显示参数　　　　　　　D. 选择参数分类、访问参数等级

45. 根据生产机械调速特性要求的不同，可采用不同的变频调速系统，采用（　　　）的变频调速系统技术性能最优。

    A. 开环恒压频比控制　　　　　　　　　　B. 无测速矢量控制

    C. 有测速矢量控制　　　　　　　　　　　D. 直接转矩控制

46. 如图所示，该电路的反馈类型为（　　　）。

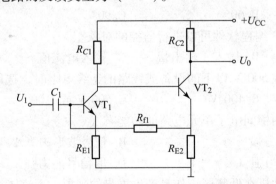

    A. 电压串联负反馈　　　　　　　　　　　B. 电压并联负反馈

    C. 电流串联负反馈　　　　　　　　　　　D. 电流并联负反馈

47. 测绘 T68 镗床电气控制主电路图时要画出电源开关 QS、熔断器 FU1 和 FU2、接触器 KM1～KM7、热继电器 FR、（　　　）等。

    A. 电动机 M1 和 M2　　　　　　　　　　B. 按钮 SB1～SB5

C. 行程开关 SQ1 ~ SQ8　　　　　　　　　D. 中间继电器 KA1 和 KA2

48. 以下 FX2N 系列可编程序控制器程序，实现的功能是（　　　）。

```
        X000
0 ├──┤ ├─────────────────────────────────────[SET    Y000  ]
        X001
2 ├──┤ ├─────────────────────────────────────[RST    Y000  ]
```

    A. X0 停止　　　　　　　　　　　　　　B. X1 启动

    C. 等同于启保停控制　　　　　　　　　　D. Y0 不能得电

49. 测量电压时应将电压表（　　　）电路。

    A. 串联接入　　　　　　　　　　　　　　B. 并联接入

    C. 并联接入或串联接入　　　　　　　　　D. 混联接入

50. 绝缘材料的耐热等级和允许最高温度中，等级代号是 1，耐热等级 A，它的允许温度是（　　　）。

    A. 90°　　　　　　B. 105°　　　　　　C. 120°　　　　　　D. 130°

51. 20/5 t 桥式起重机的主钩电动机一般用（　　　）实现调速的控制。

    A. 断路器　　　　B. 频敏变阻器　　　　C. 凸轮控制器　　　　D. 热继电器

52. 三相全控桥式整流电路是由一组共阴极的与另一组共阳极的三相半波可控整流电路相（　　　）构成的。

    A. 串联　　　　　B. 并联　　　　　　C. 混联　　　　　　D. 复联

53. 步进电动机的转速 n 或线速度 v 只与（　　　）有关。

    A. 电源电压　　　B. 负载大小　　　　C. 环境条件的波动　　D. 脉冲频率 f

54. 三相半波可控整流电路大电感负载有续流管的控制角 α 移相范围是（　　　）。

    A. 0° ~ 120°　　　B. 0° ~ 150°　　　C. 0° ~ 90°　　　D. 0° ~ 60°

55. 三相桥式可控整流电路电阻性负载的输出电压波形，在控制角 α = （　　　）时，有电压输出部分等于无电压输出部分。

    A. 30°　　　　　　B. 60°　　　　　　C. 90°　　　　　　D. 120°

56. （　　　）是 PLC 编程软件可以进行监控的对象。

    A. 电源电压值　　B. 输入、输出量　　C. 输入电流值　　　D. 输出电流值

57. 测量额定电压在 500 V 以下的设备或线路的绝缘电阻时，选用电压等级为（　　　）。

    A. 380 V　　　　　B. 400 V　　　　　C. 500 V 或 1 000 V　　D. 220 V

58. 下列不属于常用中间电子单元电路的功能有（　　　）。

    A. 传输信号能力强　　　　　　　　　　B. 信号波形失真小

    C. 电压放大能力强　　　　　　　　　　D. 取信号能力强

59. 为避免步进电动机在低频区工作易产生失步的现象，不宜采用（　　　）工作方式。

    A. 单双六拍　　　B. 单三拍　　　　　C. 双三拍　　　　　D. 单双八拍

60. 火焰与带电体之间的最小距离，10 kV 及以下为（　　　）m。

    A. 1.5　　　　　　B. 2　　　　　　　C. 3　　　　　　　D. 2.5

61. 喷灯的加油、放油和维修应在喷灯（　　　）进行。

    A. 燃烧时　　　　B. 燃烧或熄灭后　　C. 熄火后　　　　　D. 高温时

62. 由比例调节器组成的闭环控制系统是（　　）。

A. 有静差系统　　B. 无静差系统　　　　C. 离散控制系统　　　　D. 顺序控制系统

63. 以下程序出现的错误是（　　）。

A. 没有计数器　　B. 不能自锁　　　　C. 没有错误　　　　D. 双线圈错误

64. 分析 T68 镗床电气控制主电路原理图时，首先要看懂主轴电动机 M1 的正反转电路和（　　），然后再看快速移动电动机的正反转电路。

A. Ｙ–△启动电路　　　　　　　　B. 能耗制动电路

C. 高低速切换电路　　　　　　　　D. 降压启动电路

65. 电气控制线路图测绘的一般步骤是设备停电，先画电器布置图，再画（　　），最后画出电气原理图。

A. 电机位置图　　B. 电器接线图　　　　C. 按钮布置图　　　　D. 开关布置图

66. 带比例调节器的单闭环直流调速系统中，放大器的 KP 越大，系统的（　　）。

A. 静态、动态特性越好　　　　　　B. 动态特性越好

C. 静态特性越好　　　　　　　　　D. 静态特性越坏

67. 20/5 t 桥式起重机的主接触器 KM 吸合后，过电流继电器立即动作的可能原因是（　　）。

A. 电阻器 $R_1 \sim R_5$ 的初始值过大　　B. 熔断器 FU1 ～ FU2 太粗

C. 电动机 M1 ～ M4 绕组接地　　　　热继电器 FR1 ～ FR5 额定值过小

68. PLC 编程软件安装方法不对的是（　　）。

A. 安装前，请确定下载文件的大小及文件名称

B. 在安装的时候，最好把其他应用程序关掉，包括杀毒软件

C. 安装选项中，选项无须都打钩

D. 解压后，直接单击安装

69. 三相对称电路是指（　　）。

A. 三相电源对称的电路

B. 三相负载对称的电路

C. 三相电源和三相负载都是对称的电路

D. 三相电源对称和三相负载阻抗相等的电路

70. KC04 集成触发电路由锯齿波形成、移相控制、脉冲形成及（　　）等环节组成。

A. 三角波输出　　B. 正弦波输出　　　　C. 偏置角输出　　　　D. 整形放大输出

71. 三相桥式可控整流电路电阻性负载的输出电流波形，在控制角 $\alpha <$ （　　）时连续。

A. 90°　　　　　　B. 80°　　　　　　C. 70°　　　　　　D. 60°

72. 单相半波可控整流电路电阻性负载一个周期内输出电压波形的最大导通角是（　　）。

    A. 90°　　　　　　B. 120°　　　　　　C. 180°　　　　　　D. 240°

73. 不属于 PLC 输入模块本身的故障是（　　）。

    A. 传感器故障　　B. 执行器故障　　　C. PLC 软件故障　　D. 输入电源故障

74. 空心杯转子异步测速发电机主要由内定子、外定子及杯形转子所组成，以下正确的说法是（　　）。

    A. 励磁绕组、输出绕组分别嵌在外/内定子上，彼此在空间相差 90°电角度

    B. 励磁绕组、输出绕组分别嵌在内/外定子上，彼此在空间相差 90°电角度

    C. 励磁绕组、输出绕组嵌在内定子上，彼此在空间相差 180°电角度

    D. 励磁绕组、输出绕组嵌在外定子上，彼此在空间相差 90°电角度

75. 🖳 表示编程语言的（　　）。

    A. 转换　　　　　B. 编译　　　　　　C. 注释　　　　　　D. 改写

76. 不符合文明生产要求的做法是（　　）。

    A. 爱惜企业的设备、工具和材料

    B. 下班前搞好工作现场的环境卫生

    C. 工具使用后按规定放置到工具箱中

    D. 冒险带电作业

77. JK 触发器，当 JK 为（　　）时，触发器处于保持状态。

    A. 00　　　　　　B. 01　　　　　　　C. 10　　　　　　　D. 11

78. 欧陆 514 调速器组成的电压电流双闭环系统在系统过载或堵转时，ASR 调节器处于（　　）。

    A. 饱和状态　　　B. 调节状态　　　　C. 截止状态　　　　D. 不确定

79. 测绘 X62W 铣床电气控制主电路图时要画出电源开关 QS、熔断器 FU1、接触器 KM1～KM6、（　　）、电动机 M1～M3 等。

    A. 按钮 SB1～SB6　　　　　　　　B. 热继电器 FR1～FR3

    C. 行程开关 SQ1～SQ7　　　　　　D. 转换开关 SA1～SA2

80. 步进电动机的启动和停止频率应考虑负载的转动惯量，对于大转动惯量的负载，启动和停止频率应选（　　）。

    A. 低一些　　　　B. 高一些　　　　　C. 中等　　　　　　D. 0

81. T68 镗床电气线路控制电路由控制变压器 TC、按钮 SB1～SB5、行程开关 SQ1～SQ8、中间继电器 KA1 和 KA2、（　　）、时间继电器 KT 等组成。

    A. 电动机 M1 和 M2　　　　　　　B. 速度继电器 KS

    C. 制动电阻 R　　　　　　　　　　D. 电源开关 QS

82. 提高供电线路的功率因数，下列说法正确的是（　　）。

    A. 减少了用电设备中无用的无功功率

    B. 可以节省电能

    C. 减少了用电设备的有功功率，提高了电源设备的容量

    D. 可提高电源设备的利用率并减小输电线路中的功率损耗

83. 在以下 FX2N PLC 程序中，当 Y3 得电后，（　　）还可以得电。

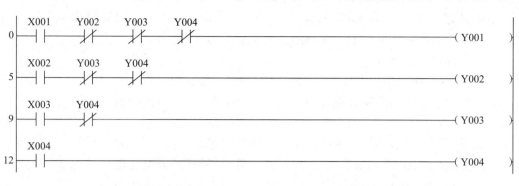

A. Y1　　　　　　　B. Y2　　　　　　　C. Y4　　　　　　　D. 都可以

84. 在自控系统中不仅要求异步测速发电机输出电压与转速成正比，而且也要求输出电压与励磁电源同相位。相位误差可在（　　），也可在输出绕组电路补偿。

A. 输出回路中并电感进行补偿　　　　B. 励磁回路中并电容进行补偿

C. 励磁回路中串电容进行补偿　　　　D. 输出回路中串电感进行补偿

85. X62W 铣床的主电路、控制电路和照明电路由（　　）实现短路保护。

A. 欠电压继电器　　　　　　　　　B. 过电流继电器

C. 熔断器　　　　　　　　　　　　D. 热继电器

86. 反相比例运放电路应加的反馈类型是（　　）负反馈。

A. 电压串联　　　B. 电压并联　　　C. 电流并联　　　D. 电流串联

87. 电枢电流的去磁作用使（　　），从而导致直流测速发电机的输出特性的线性关系变坏。

A. 气隙磁通不再是常数，而随负载大小的变化而改变

B. 输出电压灵敏度改变

C. 电枢电阻压降改变

D. 损耗加大

88. 有一台三相交流电动机，每相绕组的额定电压为 220 V，对称三相电源的线电压为 380 V，则电动机的三相绕组应采用的连接方式是（　　）。

A. 星形连接，有中线　　　　　　　B. 星形连接，无中线

C. 三角形连接　　　　　　　　　　D. A、B 均可

89. "BATT" 变色灯是后备电源指示灯，绿色表示正常，黄色表示（　　）。

A. 故障　　　　B. 电量低　　　　C. 过载　　　　D. 以上都不是

90. X62W 铣床主轴电动机 M1 的冲动控制是由位置开关 SQ7 接通（　　）一下。

A. 反转接触器 KM2　　　　　　　　B. 反转接触器 KM4

C. 正转接触器 KM1　　　　　　　　D. 正转接触器 KM3

91. 下图是 PLC 编程软件中的（　　）按钮。

A. 写入按钮　　　B. 监控按钮　　　C. PLC 读取按钮　　　D. 程序检测按钮

92. 以下属于 PLC 硬件故障类型的是（　　）。

①I/O 模块故障　　②电源模块故障　　③状态矛盾故障　　④CPU 模块故障

A. ①②③   B. ②③④   C. ①③④   D. ①②④

93. 工业控制领域中应用的直流调速系统主要采用（   ）。

     A. 直流斩波器调压   B. 旋转变流机组调压

     C. 电枢回路串电阻调压   D. 用静止可控整流器调压

94. 集成运放电路的两输入端外接（   ）防止输入信号过大而损坏器件。

     A. 三极管   B. 反并联二极管   C. 场效应管   D. 稳压管

95. 交流调压调速系统的调速范围不大，调速引起的损耗（   ）。

     A. 随转速的升高而增大   B. 随转速的降低而增大

     C. 随转速的降低而减小   D. 与转速的变化无关

96. 晶闸管触发电路发出触发脉冲的时刻是由同步电压来定位的，由（   ）来调整初始相位，由控制电压来实现移相。

     A. 脉冲电压   B. 触发电压   C. 偏置电压   D. 异步电压

97. 电气控制线路图测绘的方法是先画主电路，再画控制电路；先画输入端，再画输出端；（   ）；先简单后复杂。

     A. 先画支路，再画干线   B. 先画主干线，再画各支路

     C. 先画电气，再画机械   D. 先画机械，再画电气

98. 西门子 6RA70 直流调速器首次使用时，必须输入一些现场参数，首先输入（   ）。

     A. 基本工艺功能参数   B. 电动机铭牌数据

     C. 优化运行参数   D. 电动机过载监控保护参数

99. PLC 程序的检查内容不包括（   ）。

     A. 指令检查   B. 梯形图检查   C. 继电器检查   D. 软元件检查

100. 三相半控桥式整流电路电阻性负载时，控制角 α 的移相范围是（   ）。

     A. $0 \sim 180°$ B. $0 \sim 150°$ C. $0 \sim 120°$ D. $0 \sim 90°$

101. PLC 控制系统设计的步骤是（   ）。

①确定硬件配置，画出硬件接线图

②PLC 进行模拟调试和现场调试

③系统交付前，要根据调试的最终结果整理出完整的技术文件

④深入了解控制对象及控制要求

     A. ①→③→②→④   B. ①→②→④→③

     C. ②→①→④→③   D. ④→①→②→③

102. 闭环控制系统具有反馈环节，它能依靠（   ）进行自动调节，以补偿扰动对系统产生的影响。

     A. 正反馈环节   B. 负反馈环节

     C. 校正装置   D. 补偿环节

103. 步进电动机有多种，若选用结构简单，步距角较小，不需要正负电源供电的步进电动机应是（   ）。

     A. 索耶式直线步进电动机   B. 永磁式步进电动机

     C. 反应式步进电动机   D. 混合式步进电动机

104. 三相半控 Y 形调压电路可以简化线路，降低成本。但电路中（   ），将产生与

电动机基波转矩相反的转矩，使电动机输出转矩减小，效率降低，仅用于小容量调速系统。

    A. 无奇次谐波有偶次谐波　　　　　　B. 有偶次谐波

    C. 有奇次谐波外还有偶次谐波　　　　D. 有奇次谐波无偶次谐波

105. T68 镗床电气控制主电路由电源开关 QS、熔断器 FU1 和 FU2、（　　）、热继电器 FR、电动机 M1 和 M2 等组成。

    A. 速度继电器 KS　　　　　　　　　B. 行程开关 SQ1 ~ SQ8

    C. 接触器 KM1 ~ KM7　　　　　　　D. 时间继电器 KT

106. 电压电流双闭环调速系统中的电流正反馈环节是用来实现（　　）。

    A. 系统的"挖土机特性"

    B. 调节 ACR 电流负反馈深度

    C. 补偿电枢电阻压降引起的转速降

    D. 稳定电枢电流

107. 测绘 X62W 铣床电器位置图时要画出电源开关、电动机、按钮、（　　）、电器箱等在机床中的具体位置。

    A. 接触器　　　　B. 行程开关　　　　C. 熔断器　　　　D. 热继电器

108. 集成编码器无法工作，首先应检查（　　）的状态。

    A. 输入端　　　　B. 输出端　　　　C. 清零端　　　　D. 控制端

109. 三相全控桥式整流电路电感性负载，控制角 α 增大，输出电压（　　）。

    A. 减小　　　　B. 增大　　　　C. 不变　　　　D. 不定

110. X62W 铣床的主轴电动机 M1 采用了（　　）的停车方法。

    A. 能耗制动　　　　B. 反接制动　　　　C. 电磁抱闸制动　　　　D. 机械摩擦制动

111. 闭环负反馈直流调速系统中，电动机励磁电路的电压纹波对系统性能的影响，若采用（　　）自我调节。

    A. 电压负反馈调速时能　　　　　　　B. 转速负反馈调速时不能

    C. 转速负反馈调速时能　　　　　　　D. 电压负反馈加电流正反馈补偿调速时能

112. 在 FX 系列 PLC 控制中可以用（　　）替代计数器。

    A. M　　　　　　B. S　　　　　　C. C　　　　　　D. T

113. 三相双三拍运行，转子齿数 ZR = 40 的反应式步进电动机，在驱动电源频率为 1 200 Hz 时，电动机的转速是（　　）r/min。

    A. 600　　　　　　B. 1 200　　　　　　C. 400　　　　　　D. 300

114. 变频器启停方式有：面板控制、外部端子控制、通信端口控制。当与 PLC 配合组成远程网络时，主要采用（　　）方式。

    A. 面板控制　　　B. 外部端子控制　　　C. 通信端口控制　　　D. 脉冲控制

115. 一台使用多年的 250 kW 电动机拖动鼓风机，经变频改造运行二个月后常出现过流跳闸，其故障的原因可能是（　　）。

    A. 变频器选配不当

    B. 变频器参数设置不当

    C. 变频供电的高频谐波使电动机绝缘加速老化

    D. 负载有时过重

116. 20/5 t 桥式起重机的主电路中包含了电源开关 QS、交流接触器 KM1 ~ KM4、凸轮控制器 SA1 ~ SA3、（　　　）、电磁制动器 YB1 ~ YB6、电阻器 R_1 ~ R_5、过电流继电器等。

    A. 限位开关 SQ1 ~ SQ4　　　　　　　B. 电动机 M1 ~ M5

    C. 欠电压继电器 KV　　　　　　　　　D. 熔断器 FU2

117. 时序逻辑电路的驱动方程是（　　　）。

    A. 各个触发器的输入表达式　　　　　B. 各个门电路的输入表达式

    C. 各个触发器的输出表达式　　　　　D. 各个门电路的输出表达式

118. 电动机拖动大惯性负载，在减速或停车时发生过电压报警，此故障可能的原因是（　　　）。

    A. U/f 比设置有问题　　　　　　　　B. 减速时间过长

    C. 减速时间过短　　　　　　　　　　D. 电动机参数设置错误

119. 20/5 t 桥式起重机的保护电路由紧急开关 QS4、（　　　）、欠电压继电器 KV、熔断器 FU1 ~ FU2、限位开关 SQ1 ~ SQ4 等组成。

    A. 电阻器 R_1 ~ R_5　　　　　　　　B. 过电流继电器 KC1 ~ KC5

    C. 热继电器 FR1 ~ FR5　　　　　　　D. 接触器 KM1 ~ KM2

120. 西门子 MM420 变频器快速调试（P0010 = 1）时，主要进行（　　　）修改。

    A. 显示参数　　　B. 电动机参数　　　C. 频率参数　　　　D. 全部参数

121. 集成与非门的多余引脚（　　　）时，与非门被封锁。

    A. 悬空　　　B. 接高电平　　　C. 接低电平　　　　D. 并接

122. 调速系统的调速范围和静差率这两个指标（　　　）。

    A. 相互平等　　　B. 互不相关　　　C. 相互制约　　　　D. 相互补充

123. 脉冲分配器的功能有（　　　）。

    A. 输出时钟 CK 和方向指令 DIR　　　B. 输出功率开关所需的驱动信号

    C. 产生各相通断的时序逻辑信号　　　D. 电流反馈控制及保护电路

124. 在 RL 串联电路中，$U_R = 16$ V，$U_L = 12$ V，则总电压为（　　　）。

    A. 28 V　　　B. 20 V　　　C. 2 V　　　　D. 4 V

125. 下图可能实现的功能是（　　　）。

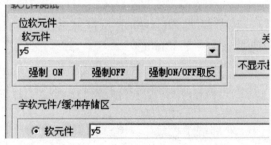

    A. y5 输入软元件被强制执行　　　　　B. 输入软元件强制执行

    C. y5 软元件置位　　　　　　　　　　D. 输出软元件被强制执行

126. 电网电压正常，电动机减速时变频器过电压报警，其故障原因与（　　　）无关。

    A. 减速时间太短　　　　　　　　　　B. 制动电阻过大

    C. 输出滤波电抗器问题　　　　　　　D. 外电路中有补偿电容投入

127. 本安防爆型电路及其外部配线用的电缆或绝缘导线的耐压强度应选用电路额定电

压的 2 倍，最低为（　　）。

    A. 500 V　　　　　B. 400 V　　　　　C. 300 V　　　　　D. 800 V

128. 在一个程序中不能使用（　　）检查纠正的方法。

    A. 梯形图　　　B. 双线圈　　　　C. 上电　　　　　D. 指令表

129. 在变频网络控制系统中，根据是否拥有数据交换控制权分为网络主站和网络从站，（　　）为网络从站，变频器的网络控制需要利用通信接口工作。

    A. CNC　　　　　B. 变频器　　　　C. PLC　　　　　D. 外部计算机

130. PLC 控制系统的主要设计内容描述不正确的是（　　）。

    A. 选择用户输入设备、输出设备，以及由输出设备驱动的控制对象

    B. 分配 I/O 点，绘制电气连接图，考虑必要的安全保护措施

    C. 编制控制程序

    D. 下载控制程序

131. 以下程序是对输入信号 X0 进行（　　）分频。

    A. 二　　　　　B. 四　　　　　C. 六　　　　　D. 八

132. 当 74LS94 的 Sr 与 Q3 相连时，电路实现的功能为（　　）。

    A. 左移环形计数器　　　　　　B. 右移环形计数器

    C. 保持　　　　　　　　　　　D. 并行置数

133. 实际的直流测速发电机一定存在某种程度的非线性误差，CYD 系列永磁式低速直流测速发电机的线性误差为（　　）。

    A. 1% ~5%　　　　　　　　　　B. 0.5% ~1%

    C. 0.1% ~0.25%　　　　　　　D. 0.01% ~0.1%

134. FX2N 系列 PLC 编程软件的功能不包括（　　）。

    A. 程序检查　　　B. 仿真模拟　　　C. 短路保护　　　D. 上载

135. 在晶闸管可逆调速系统中，为防止逆变失败，应设置（　　）的保护环节。

    A. 限制 β_{min}

    B. 限制 α_{min}

    C. 限制 β_{min} 和 α_{min}

    D. β_{min} 和 α_{min} 任意限制其中一个

136. 以下不属于 PLC 与计算机正确连接方式的是（　　）。

    A. RS232 通信连接　　　　　　B. RS422 通信连接

    C. 双绞线通信连接　　　　　　D. RS485 通信连接

137. X62W 铣床使用圆形工作台时必须把前后（横向）和升降十字操作手柄置于（　　）。

A. 上升位置　　　B. 中间位置　　　　　C. 下降位置　　　　　D. 横向位置

138. 测绘 T68 镗床电气线路的控制电路图时要正确画出控制变压器 TC、按钮 SB1 ~ SB5、（　　）、中间继电器 KA1 和 KA2、速度继电器 KS、时间继电器 KT 等。

A. 电动机 M1 和 M2　　　　　　　B. 行程开关 SQ1 ~ SQ8

C. 熔断器 FU1 和 FU2　　　　　　D. 电源开关 QS

139. 以下属于 PLC 外围输出故障的是（　　）。

A. 电磁阀故障　　B. 继电器故障　　　C. 电动机故障　　　　D. 以上都是

140. 锯齿波触发电路中调节恒流源对电容器的充电电流，可以调节（　　）。

A. 锯齿波的周期　　　　　　　　　B. 锯齿波的斜率

C. 锯齿波的幅值　　　　　　　　　D. 锯齿波的相位

141. X62W 铣床的主电路由电源总开关 QS、熔断器 FU1、接触器 KM1 ~ KM6、热继电器 FR1 ~ FR3、（　　）、快速移动电磁铁 YA 等组成。

A. 位置开关 SQ1 ~ SQ7　　　　　　B. 电动机 M1 ~ M3

C. 按钮 SB1 ~ SB6　　　　　　　　D. 速度继电器 KS

142. 直流双闭环调速系统引入转速（　　）后，能有效地抑制转速超调。

A. 微分负反馈　　　　　　　　　　B. 微分正反馈

C. 微分补偿　　　　　　　　　　　D. 滤波电容

143. 欧陆 514 直流调速装置 ASR 的限幅值是用电位器 P5 来调整的。通过端子 7 上外接 0 ~ 7.5 V 的直流电压，调节 P5 可得到对应最大电枢电流为（　　）。

A. 1.1 倍标定电流的限幅值　　　　B. 1.5 倍标定电流的限幅值

C. 1.1 倍电动机额定电流的限幅值　D. 等于电动机额定电流的限幅值

144. 三相半波可控整流电路电阻负载，保证电流连续的最大控制角 α 是（　　）。

A. 20°　　　　　B. 30°　　　　　　C. 60°　　　　　　D. 90°

145. 双闭环调速系统中电流环的输入信号有两个，即（　　）。

A. 主电路反馈的转速信号及 ASR 的输出信号

B. 主电路反馈的电流信号及 ASR 的输出信号

C. 主电路反馈的电压信号及 ASR 的输出信号

D. 电流给定信号及 ASR 的输出信号

146. 在使用 FX2N 可编程序控制器控制交通灯时，将相对方向的同色灯并联起来，是为了（　　）。

A. 简化电路　　　　　　　　　　　B. 节约电线

C. 节省 PLC 输出口　　　　　　　 D. 减少工作量

147. 直流调速系统中直流电动机的励磁供电大多采用（　　）加电容滤波电路。

A. 专用高性能稳压电路　　　　　　B. 三相桥式整流

C. 单相桥式整流　　　　　　　　　D. 三相可控整流电路

148. X62W 铣床电气线路的控制电路由控制变压器 TC、熔断器 FU2 ~ FU3、按钮 SB1 ~ SB6、（　　）、速度继电器 KS、转换开关 SA1 ~ SA3、热继电器 FR1 ~ FR3 等组成。

A. 电动机 M1 ~ M3　　　　　　　　B. 位置开关 SQ1 ~ SQ7

C. 快速移动电磁铁 YA　　　　　　D. 电源总开关 QS

149. 西门子 MM420 变频器的主电路电源端子（　　）需经交流接触器和保护用断路器

与三相电源连接。但不宜采用主电路的通、断来控制变频器的运行与停止。

A. R、S、T　　　B. U、V、W　　　C. L1、L2、L3　　　D. A、B、C

150. T68 镗床的主轴电动机采用了（　　　）方法。

A. 频敏变阻器启动

B. Ｙ - △启动

C. 全压启动

D. △ - ＹＹ启动

151. 直流调速装置通电前硬件检查内容有：电源电路检查，信号线、控制线检查，设备接线检查，PLC 接地检查。通电前一定要认真进行（　　　），以防止通电后引起设备损坏。

A. 电源电路检查

B. 信号线、控制线检查

C. 设备接线检查

D. PLC 接地检查

152. PLC 文本化编程语言包括：（　　　）。

A. IL 和 ST　　　B. LD 和 ST　　　C. ST 和 FBD　　　D. SFC 和 LD

153. 文明生产的外部条件主要指（　　　）、光线等有助于保证质量。

A. 设备　　　B. 机器　　　C. 环境　　　D. 工具

154. 软磁材料的主要分类有（　　　）、金属软磁材料、其他软磁材料。

A. 不锈钢

B. 铜合金

C. 铁氧体软磁材料

D. 铝合金

155. 20/5 t 桥式起重机电气线路的控制电路中包含了主令控制器 SA4、紧急开关 QS4、启动按钮 SB、过电流继电器 KC1 ~ KC5、（　　　）、欠电压继电器 KV 等。

A. 电动机 M1 ~ M5

B. 电磁制动器 YB1 ~ YB6

C. 限位开关 SQ1 ~ SQ4

D. 电阻器 $R_1 ~ R_5$

156. 组合逻辑电路的分析是（　　　）。

A. 根据已有电路图进行分析

B. 画出对应的电路图

C. 根据逻辑结果进行分析

D. 画出对应的输出时序图

157. 组合逻辑电路的编码器功能为（　　　）。

A. 用一位二进制数来表示

B. 用多位二进制数来表示输入信号

C. 用十进制数表示输入信号

D. 用十进制数表示二进制信号

158. 时序逻辑电路的数码寄存器结果与输入不同，是（　　　）有问题。

A. 清零端　　　B. 送数端　　　C. 脉冲端　　　D. 输出端

159. 电气控制线路测绘时要避免大拆大卸，对去掉的线头要（　　　）。

A. 保管好

B. 做好记号

C. 用新线接上

D. 安全接地

160. 无论更换输入模块还是更换输出模块，都要在 PLC（　　　）情况下进行。

A. RUN 状态下

B. PLC 通电

C. 断电状态下

D. 以上都不是

二、判断题（第 161 题 ~ 第 200 题，每题 0.5 分，共 20 分。）

161. （　　　）以下 PLC 梯形图是双线圈输出。

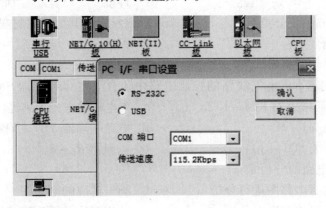

```
      X000    X001                                                    ( Y000   )
  0 ──┤├──────┤/├──────┬──────────────────────────────────────────────
      Y000              │
    ──┤├───────────────┤                                               ( Y001   )
                        │──────────────────────────────────────────────
                        │
                        │──────────────────────────────────────────────( Y002   )
                        │
                        │──────────────────────────────────────────────( Y003   )
```

162. (   ) T68 镗床的行程开关 SQ 安装调整不当会使主轴转速比标牌多一倍或少一倍。

163. (   ) 职业纪律中包括群众纪律。

164. (   ) 向企业员工灌输的职业道德太多了，容易使员工产生谨小慎微的观念。

165. (   ) PLC 与计算机通信方式设置如下。

166. (   ) 职业活动中，每位员工都必须严格执行安全操作规程。

167. (   ) 在使用 FX2N 可编程序控制器控制交通灯时，首先要分析清楚系统的时序。

168. (   ) 要做到办事公道，在处理公私关系时，要公私不分。

169. (   ) 在使用 FX2N 可编程序控制器控制常规车床时，需要大量使用模拟量信号。

170. (   ) PLC 梯形图编程时，输出继电器的线圈可以并联放在右端。

171. (   ) FX2N PLC 中 RST 可以对定时器、计数器、数据寄存器的内容清零。

172. (   ) 从业人员在职业活动中做到表情冷漠、严肃待客是符合职业道德规范要求的。

173. (   ) 二极管只要工作在反向击穿区，一定会被击穿。

174. (   ) PLC 程序下载时不能断电。

175. (   ) 集成二—十进制计数器通过反馈置数及反馈清零法计数。

176. (   ) PLC 程序不能修改。

177. (   ) FX2N 系列可编程序控制器辅助继电器用 M 表示。

178. (   ) 集成运放电路的电源极性如果接反，会损坏运放器件。

179. (   ) 多速电动机可用 PLC 控制其高低速的切换。

180. （　　）复杂控制程序的编程常使用顺控指令。

181. （　　）PLC 程序上载时要处于 STOP 状态。

182. （　　）PLC 编程软件模拟时可以通过时序图仿真模拟。

183. （　　）集成移位寄存器具有清零、保持功能。

184. （　　）集成二—十进制计数器可以组成任意进制计数器。

185. （　　）FX2N PLC 共有 100 个定时器。

186. （　　）以下 FX2N 可编程序控制器程序实现的是闪烁电路功能。

187. （　　）T68 镗床的照明灯由控制照明变压器 TC 提供 10 V 的安全电压。

188. （　　）市场经济条件下，是否遵守承诺并不违反职业道德规范中关于诚实守信的要求。

189. （　　）LDP 指令的功能是 X000 上升沿接通一个扫描脉冲。

190. （　　）电子电路常用电子毫伏表及示波器进行测试。

191. （　　）勤劳节俭虽然有利于节省资源，但不能促进企业的发展。

192. （　　）职业道德是一种强制性的约束机制。

193. （　　）以下 FX2N PLC 程序可以实现输入优先功能。

194. （　　）集成译码器可实现数码显示的功能。

195. （　　）三相半波可控整流电路电阻性负载的输出电压波形在控制角 $0 < \alpha < 30°$ 的范围内连续。

196. （　　）简单程序的编写常使用经验设计法。

197. （　　）转速电流双闭环调速系统启动时，给定电位器必须从零位开始缓加电压，防止电动机过载损坏。

198. （   ）以下 PLC 梯形图是多线圈输出。

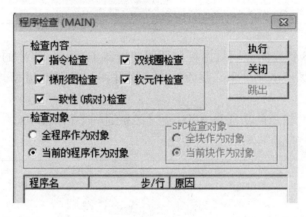

199. （   ）PLC 程序的检测方法如下。

模拟试题（六）

一、单项选择（第 1 题～第 160 题，每题 0.5 分，共 80 分）

1. P 型半导体是在本征半导体中加入微量的（   ）元素构成的。

    A. 三价   B. 四价   C. 五价   D. 六价

2. 以下属于 PLC 与计算机正确连接方式的是（   ）。

    A. 不能进行连接   B. 不需要通信线

    C. RS232 通信线连接   D. 电缆线连接

3. 晶闸管触发电路所产生的触发脉冲信号必须要（   ）。

    A. 有一定的电抗   B. 有一定的移相范围

    C. 有一定的电位   D. 有一定的频率

4. X62W 铣床电气线路的控制电路由控制变压器 TC、熔断器 FU2～FU3、（   ）、位置开关 SQ1～SQ7、速度继电器 KS、转换开关 SA1～SA3、热继电器 FR1～FR3 等组成。

    A. 按钮 SB1～SB6   B. 电动机 M1～M3

    C. 快速移动电磁铁 YA   D. 电源总开关 QS

5. 由于比例调节是依靠输入偏差来进行调节的，因此比例调节系统中必定（   ）。

A. 有静差　　　　B. 无静差　　　　C. 动态无静差　　　　D. 不确定

6. 通过 RS585 等接口可将变频器作为从站连接到网络系统中，成为现场总线控制系统的设备。网络主站一般由（　　）等承担。

A. CNC 或 PLC
B. 变频器或 PLC
C. PLC 或变频器
D. 外部计算机或变频器

7. 自动调速系统中的（　　）可看成是比例环节。

A. 补偿环节　　　B. 放大器　　　　C. 测速发电机　　　　D. 校正电路

8. 变频器过载故障的原因可能是：（　　）。

A. 加速时间设置太短、电网电压太高
B. 加速时间设置太短、电网电压太低
C. 加速时间设置太长、电网电压太高
D. 加速时间设置太长、电网电压太低

9. 在使用 FX2N 可编程序控制器控制交通灯时，将相对方向的同色灯并联起来，是为了（　　）。

A. 节省 PLC 输出口
B. 节约用电
C. 简化程序
D. 减少输入口

10. 在 FX2N PLC 中 PLF 是（　　）指令。

A. 下降沿脉冲　　B. 上升沿脉冲　　C. 暂停　　　　D. 移位

11. T68 镗床的主轴电动机 M1 采用了（　　）的停车方法。

A. 单相制动　　　B. 发电制动　　　C. 反接制动　　　D. 回馈制动

12. PLC 通过（　　）寄存器保持数据。

A. 内部电源　　　B. 复位　　　　C. 掉电保持　　　D. 以上都是

13. 锯齿波触发电路中双窄脉冲产生环节可在一个周期内发出间隔（　　）的两个窄脉冲。

A. 60°　　　　B. 90°　　　　C. 180°　　　　D. 120°

14. T68 镗床的主轴电动机采用了（　　）调速方法。

A. 变频　　　B. △－丫丫变极　　C. 降压　　　D. 串级

15. 20/5 t 桥式起重机的小车电动机可以由凸轮控制器实现（　　）的控制。

A. 减压启动　　　B. 正反转　　　C. 能耗制动　　　D. 回馈制动

16. 职业道德对企业起到（　　）的作用。

A. 决定经济效益
B. 促进决策科学化
C. 增强竞争力
D. 树立员工守业意识

17. 测绘 T68 镗床电气线路的控制电路图时要正确画出控制变压器 TC、（　　）、行程开关 SQ1～SQ8、中间继电器 KA1 和 KA2、速度继电器 KS、时间继电器 KT 等。

A. 按钮 SB1～SB5
B. 电动机 M1 和 M2
C. 熔断器 FU1 和 FU2
D. 电源开关 QS

18. 从业人员在职业交往活动中，符合仪表端庄具体要求的是（　　）。

A. 着装华贵
B. 适当化妆或戴饰品
C. 饰品俏丽
D. 发型要突出个性

19. 双闭环调速系统中电流调节器 ACR 可限制最大的输出电流是（　　）。

A. $I_{dm} \neq U_{im}/\beta$ B. $I_{dm} = U_{im}/\beta$ C. $I_{dm} \geq U_{im}/\beta$ D. $I_{dm} \leq U_{im}/\beta$

20. 集成或非门的多余引脚（　　）时，或非门被封锁。

    A. 悬空   B. 接高电平   C. 接低电平   D. 并接

21. PLC 输入模块本身的故障描述正确的是（　　）。

①没有输入信号，输入模块指示灯不亮是输入模块的常见故障

②PLC 输入模块本身的故障可能性极小，故障主要来自外围的元部件

③输入模块电源接反会烧毁输入端口的元器件

④PLC 输入使用内部电源时，给信号时指示灯不亮，可能是内部电源烧坏

    A. ①②③   B. ②③④   C. ①③④   D. ①②④

22. 集成译码器 74LS138 与适当门电路配合可构成（　　）功能。

    A. 全加法器   B. 计数器   C. 编码器   D. 存储器

23. 下图是 PLC 编程软件中的（　　）按钮。

    A. 读取按钮   B. 程序检测按钮   C. 仿真按钮   D. 打印按钮

24. 电工仪表按工作原理分为（　　）等。

    A. 磁电系   B. 电磁系   C. 电动系   D. 以上都是

25. 以下不属于 PLC 硬件故障的是（　　）。

    A. 动作联锁条件故障   B. 电源模块故障

    C. I/O 模块故障   D. CPU 模块故障

26. 如图所示为（　　）符号。

    A. 开关二极管   B. 整流二极管   C. 稳压二极管   D. 普通二极管

27. 电工安全操作规程不包含（　　）。

    A. 定期检查绝缘

    B. 禁止带电工作

    C. 上班带好雨具

    D. 电气设备的各种高低压开关调试时，悬挂标志牌，防止误合闸

28. PLC 输出模块没有信号输出，可能是（　　）造成的。

①PLC 没有在 RUN 状态   ②端子接线出现断路

③输出模块与 CPU 模块通信问题   ④电源供电出现问题

    A. ①②④   B. ②③④   C. ①③④   D. ①②③④

29. 以下不是 PLC 控制系统设计原则的是（　　）。

    A. 保证控制系统的安全、可靠

    B. 最大限度地满足生产机械对电气控制的要求

    C. 在满足控制要求的同时，力求使系统简单、经济、操作和维护方便

D. 选择价格贵的 PLC 来提高系统可靠性

30. 速度、电流双闭环调速系统，在突加给定电压启动过程中最初阶段，速度调节器处于（　　）状态。

　　A. 调节　　　　　　B. 零　　　　　　　　C. 截止　　　　　　　D. 饱和

31. 分析 T68 镗床电气控制主电路原理图时，首先要看懂主轴电动机 M1 的正反转电路和高低速切换电路，然后再看快速移动电动机的（　　）。

　　A. Y－△启动电路　　　　　　　　　B. 正反转电路

　　C. 能耗制动电路　　　　　　　　　　D. 降压启动电路

32. 在一个程序中同一地址的线圈只能出现（　　）。

　　A. 三次　　　　　　B. 二次　　　　　　　C. 四次　　　　　　　D. 一次

33. 企业文化的功能不包括（　　）。

　　A. 激励功能　　　　B. 导向功能　　　　　C. 整合功能　　　　　D. 娱乐功能

34. 滞回比较器的比较电压是（　　）。

　　A. 固定的　　　　　　　　　　　　　B. 随输出电压而变化

　　C. 输出电压可正可负　　　　　　　　D. 与输出电压无关

35. 20/5 t 桥式起重机的小车电动机一般用（　　）实现启停和调速的控制。

　　A. 断路器　　　　　B. 接触器　　　　　　C. 凸轮控制器　　　　D. 频敏变阻器

36. 数码存储器的操作要分为（　　）步进行。

　　A. 4　　　　　　　　B. 3　　　　　　　　C. 5　　　　　　　　　D. 6

37. 电动机停车要精确定位，防止爬行时，变频器应采用（　　）的方式。

　　A. 能耗制动加直流制动　　　　　　　B. 能耗制动

　　C. 直流制动　　　　　　　　　　　　D. 回馈制动

38. 变压器的绕组可以分为同心式和（　　）两大类。

　　A. 同步式　　　　　B. 交叠式　　　　　　C. 壳式　　　　　　　D. 芯式

39. 三相全控桥式整流电路需要（　　）路触发信号。

　　A. 3　　　　　　　　B. 6　　　　　　　　C. 2　　　　　　　　　D. 4

40. X62W 铣床进给电动机 M2 的冲动控制是由位置开关 SQ6 接通（　　）一下。

　　A. 反转接触器 KM2　　　　　　　　　B. 反转接触器 KM4

　　C. 正转接触器 KM1　　　　　　　　　D. 正转接触器 KM3

41. 从自控系统的基本组成环节来看开环控制系统与闭环控制系统的区别在于（　　）。

　　A. 有无测量装置　　　　　　　　　　B. 有无被控对象

　　C. 有无反馈环节　　　　　　　　　　D. 控制顺序

42. 单相桥式可控整流电路电感性负载无续流管，控制角 $\alpha = 30°$ 时，输出电压波形中（　　）。

　　A. 不会出现最大值部分　　　　　　　B. 会出现平直电压部分

　　C. 不会出现负电压部分　　　　　　　D. 会出现负电压部分

43. 测速发电机的用途广泛，可作为（　　）。

　　A. 检测速度的元件、微分、积分元件　　B. 微分、积分元件、功率放大元件

　　C. 加速或延迟信号、执行元件　　　　　D. 检测速度的元件、执行元件

44. 积分集成运放电路反馈元件采用的是（　　）元件。

A. 电阻　　　　　B. 电感　　　　　　C. 电容　　　　　　D. 二极管

45. FX2N 系列 PLC 编程软件的功能不包括（　　　）。

A. 读取程序　　　B. 监控　　　　　　C. 仿真　　　　　　D. 绘图

46. 时序逻辑电路的集成移位寄存器的移位方向错误，则是（　　　）有问题。

A. 移位控制端　　B. 清零端　　　　　C. 脉冲端　　　　　D. 输出端

47. 软磁材料的主要分类有铁氧体软磁材料、（　　　）、其他软磁材料。

A. 不锈钢　　　　B. 铜合金　　　　　C. 铝合金　　　　　D. 金属软磁材料

48. T68 镗床电气线路控制电路由控制变压器 TC、按钮 SB1 ~ SB5、（　　　）、中间继电器 KA1 和 KA2、速度继电器 KS、时间继电器 KT 等组成。

A. 电动机 M1 和 M2　　　　　　　　B. 制动电阻 R

C. 行程开关 SQ1 ~ SQ8　　　　　　　D. 电源开关 QS

49. 工程设计中的调速精度指标要求在所有调速特性上都能满足，故应是调速系统（　　　）特性的静差率。

A. 最高调速　　　B. 额定转速　　　　C. 平均转速　　　　D. 最低转速

50. 对空心杯转子异步测速发电机，正确的说法是：当转子转动时，在输出绕组中感应的（　　　）。

A. 电动势大小正比于杯形转子的转速，而频率与转速有关

B. 电动势大小正比于杯形转子的转速，而频率与励磁电压频率无关

C. 电动势大小正比于杯形转子的转速，而频率与励磁电压频率相同，与转速无关

D. 电动势大小及频率正比于杯形转子的转速

51. PLC 控制系统设计的步骤描述不正确的是（　　　）。

A. PLC 的 I/O 点数要大于实际使用数的两倍

B. PLC 程序调试时进行模拟调试和现场调试

C. 系统交付前，要根据调试的最终结果整理出完整的技术文件

D. 确定硬件配置，画出硬件接线图

52. 盗窃电能的，由电力管理部门责令停止违法行为，追缴电费并处应交电费（　　　）以下的罚款。

A. 三倍　　　　　B. 十倍　　　　　　C. 四倍　　　　　　D. 五倍

53. 双闭环调速系统中转速调节器一般采用 PI 调节器，P 参数的调节主要影响系统的（　　　）。

A. 稳态性能　　　B. 动态性能　　　　C. 静差率　　　　　D. 调节时间

54. 对采用 PI 调节器的无静差调速系统，若要提高系统快速响应能力，应（　　　）。

A. 整定 P 参数，减小比例系数　　　　B. 整定 I 参数，加大积分系数

C. 整定 P 参数，加大比例系数　　　　D. 整定 I 参数，减小积分系数

55. 职业道德是指从事一定职业劳动的人们，在长期的职业活动中形成的（　　　）。

A. 行为规范　　　B. 操作程序　　　　C. 劳动技能　　　　D. 思维习惯

56. 变压器的基本作用是在交流电路中变电压、变电流、变阻抗、变相位和（　　　）。

A. 电气隔离　　　B. 改变频率　　　　C. 改变功率　　　　D. 改变磁通

57. 在市场经济条件下，促进员工行为的规范化是（　　　）社会功能的重要表现。

A. 治安规定　　　B. 奖惩制度　　　　C. 法律法规　　　　D. 职业道德

58. 晶闸管触发电路发出触发脉冲的时刻是由同步电压来定位的，由偏置电压来调整初始相位，由（   ）来实现移相。

    A. 脉冲电压　　　　B. 控制电压　　　　C. 触发电压　　　　D. 异步电压

59. 稳压二极管的正常工作状态是（   ）。

    A. 导通状态　　　　B. 截止状态　　　　C. 反向击穿状态　　　D. 任意状态

60. 丝锥的校准部分具有（   ）的牙型。

    A. 较大　　　　　　B. 较小　　　　　　C. 完整　　　　　　D. 不完整

61. 当 74LS94 的 Q3 经非门的输出与 Sr 相连时，电路实现的功能为（   ）。

    A. 左移环形计数器　　　　　　　　　B. 右移扭环形计数器

    C. 保持　　　　　　　　　　　　　　D. 并行置数

62. PLC 输出模块故障描述正确的有（   ）。

    A. PLC 输出模块常见的故障可能是供电电源故障

    B. PLC 输出模块常见的故障可能是端子接线故障

    C. PLC 输出模块常见的故障可能是模板安装故障

    D. 以上都是

63. X62W 铣床的（   ）采用了反接制动的停车方法。

    A. 主轴电动机 M1　　　　　　　　　B. 进给电动机 M2

    C. 冷却泵电动机 M3　　　　　　　　D. 风扇电动机 M4

64. 组合逻辑电路的设计是（   ）。

    A. 根据已有电路图进行分析　　　　　B. 找出对应的输入条件

    C. 根据逻辑结果进行分析　　　　　　D. 画出对应的输出时序图

65. T68 镗床电气控制主电路由电源开关 QS、（   ）、接触器 KM1 ~ KM7、热继电器 FR、电动机 M1 和 M2 等组成。

    A. 速度继电器 KS　　　　　　　　　B. 熔断器 FU1 和 FU2

    C. 行程开关 SQ1 ~ SQ8　　　　　　 D. 时间继电器 KT

66. 集成计数器 74LS161 是（   ）计数器。

    A. 四位二进制加法　　　　　　　　　B. 四位二进制减法

    C. 五位二进制加法　　　　　　　　　D. 三位二进制加法

67. 直流调速装置可运用于不同的环境中，并且使用的电气元件在抗干扰性能与干扰辐射强度存在较大差别，所以安装应以实际情况为基础，遵守（   ）规则。

    A. 3C 认证　　　　 B. 安全　　　　　 C. EMC　　　　　　D. 企业规范

68. 当 74LS94 的控制信号为 10 时，该集成移位寄存器处于（   ）状态。

    A. 左移　　　　　　B. 右移　　　　　　C. 保持　　　　　　D. 并行置数

69. 锯齿波触发电路由锯齿波产生与相位控制、（   ）、强触发与输出、双窄脉冲产生等四个环节组成。

    A. 矩形波产生与移相　　　　　　　　B. 脉冲形成与放大

    C. 尖脉冲产生与移相　　　　　　　　D. 三角波产生与移相

70. 组合逻辑电路的比较器功能为（   ）。

    A. 只是逐位比较　　　　　　　　　　B. 只是最高位比较

    C. 高位比较有结果，低位可不比较　　D. 只是最低位比较

71. （　　）是 PLC 编程软件可以进行监控的对象。

    A. 行程开关体积　　　　　　　　　　B. 光电传感器位置

    C. 温度传感器类型　　　　　　　　　D. 输入、输出量

72. JK 触发器，当 JK 为（　　）时，触发器处于置 0 状态。

    A. 00　　　　　　　　B. 01　　　　　　　　C. 10　　　　　　　　D. 11

73. 如果人体直接接触带电设备及线路的一相时，电流通过人体而发生的触电现象称为（　　）。

    A. 单相触电　　　　B. 两相触电　　　　C. 接触电压触电　　　　D. 跨步电压触电

74. 电气控制线路测绘中发现有掉线或接线错误时，应该首先（　　）。

    A. 做好记录　　　　B. 把线接上　　　　C. 断开电源　　　　D. 安全接地

75. （　　）不是 PLC 控制系统设计的原则。

    A. 只需保证控制系统的生产要求即可，其他无须考虑

    B. 最大限度地满足生产机械或生产流程对电气控制的要求

    C. 在满足控制系统要求的前提下，力求使系统简单、经济、操作和维护方便

    D. PLC 的 I/O 点数要留有一定的裕量

76. 电压负反馈调速系统中，若电流截止负反馈也参与系统调节作用时，说明主电路中电枢电流（　　）。

    A. 过大　　　　　　B. 过小　　　　　　C. 正常　　　　　　D. 不确定

77. 用 PLC 控制可以节省大量继电 – 接触器控制电路中的（　　）。

    A. 熔断器　　　　　　　　　　　　　B. 交流接触器

    C. 开关　　　　　　　　　　　　　　D. 中间继电器和时间继电器

78. 将变压器的一次侧绕组接交流电源，二次侧绕组开路，这种运行方式称为变压器（　　）运行。

    A. 空载　　　　　　B. 过载　　　　　　C. 满载　　　　　　D. 负载

79. 表示编程语言的（　　）。

    A. 输入　　　　　　B. 转换　　　　　　C. 仿真　　　　　　D. 监视

80. 在以下 FX2N PLC 程序中，当 Y2 得电后，（　　）还可以得电。

    A. Y1　　　　　　　B. Y3　　　　　　　C. Y4　　　　　　　D. Y3 和 Y4

81. X62W 铣床的主电路由电源总开关 QS、熔断器 FU1、（　　）、热继电器 FR1 ~ FR3、电动机 M1 ~ M3、快速移动电磁铁 YA 等组成。

    A. 位置开关 SQ1 ~ SQ7　　　　　　　B. 按钮 SB1 ~ SB6

C. 接触器 KM1～KM6 　　　　　　　D. 速度继电器 KS

82. 带转速微分负反馈的直流双闭环调速系统其动态转速降大大降低，$R_{dn}C_{dn}$ 值越大，（　　　）。

    A. 静态转速降越低，恢复时间越长　　B. 动态转速降越低，恢复时间越长

    C. 静态转速降越低，恢复时间越短　　D. 动态转速降越低，恢复时间越短

83. X62W 铣床进给电动机 M2 的（　　　）有上、下、前、后、中五个位置。

    A. 前后（横向）和升降十字操作手柄

    B. 左右（纵向）操作手柄

    C. 高低速操作手柄

    D. 启动制动操作手柄

84. 千分尺一般用于测量（　　　）的尺寸。

    A. 小器件　　　　B. 大器件　　　　C. 建筑物　　　　D. 电动机

85. X62W 铣床工作台的终端极限保护由（　　　）实现。

    A. 速度继电器　　B. 位置开关　　　C. 控制手柄　　　D. 热继电器

86. 以下程序出现的错误是（　　　）。

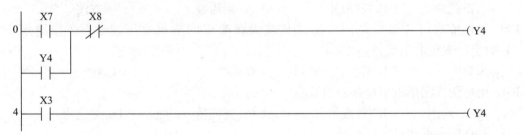

    A. 没有指令表　　B. 没有互锁　　　C. 没有输出量　　D. 双线圈错误

87. 20/5 t 桥式起重机的主钩电动机一般用（　　　）实现过流保护的控制。

    A. 断路器　　　　B. 电流继电器　　C. 熔断器　　　　D. 热继电器

88. 三相半波可控整流电路中的三只晶闸管在电路上（　　　）。

    A. 绝缘　　　　　B. 混联　　　　　C. 并联　　　　　D. 串联

89. 喷灯使用完毕，应将剩余的燃料油（　　　），将喷灯污物擦除后，妥善保管。

    A. 烧净　　　　　B. 保存在油桶内　C. 倒掉　　　　　D. 倒出回收

90. （　　　）与交流伺服电动机相似，因输出的线性度较差，仅用于要求不高的检测场合。

    A. 笼式转子异步测速发电机　　　　　B. 空心杯转子异步测速发电机

    C. 同步测速发电机　　　　　　　　　D. 旋转变压器

91. 时序逻辑电路的置数端有效，则电路为（　　　）状态。

    A. 计数　　　　　B. 并行置数　　　C. 置 1　　　　　D. 清 0

92. 电气控制线路图测绘的一般步骤是设备停电，先画电器布置图，再画电器接线图，最后画出（　　　）。

    A. 电气原理图　　B. 电机位置图　　C. 设备外形图　　D. 按钮布置图

93. 555 定时器构成的典型应用中不包含（　　　）电路。

    A. 多谐振荡　　　B. 施密特振荡　　C. 单稳态振荡　　D. 存储器

94. 20/5 t 桥式起重机的保护电路由紧急开关 QS4、过电流继电器 KC1 ~ KC5、（　　　）、熔断器 FU1 ~ FU2、限位开关 SQ1 ~ SQ4 等组成。

    A. 电阻器 R_1 ~ K_5　　　　　　　　　　B. 热继电器 FR1 ~ FR5

    C. 欠电压继电器 KV　　　　　　　　　　D. 接触器 KM1 ~ KM2

95. 测绘 T68 镗床电器位置图时，重点要画出两台电动机、电源总开关、（　　　）、行程开关以及电器箱的具体位置。

    A. 接触器　　　　B. 熔断器　　　　C. 按钮　　　　D. 热继电器

96. 三相半控桥式整流电路电阻性负载时，每个晶闸管的最大导通角 θ 是（　　　）。

    A. 150°　　　　B. 120°　　　　C. 90°　　　　D. 60°

97. 对称三相电路负载三角形连接，电源线电压为 380 V，负载复阻抗为 $Z = （8 + 6j）\ \Omega$，则线电流为（　　　）。

    A. 38 A　　　　B. 22 A　　　　C. 54 A　　　　D. 66 A

98. 集成运放电路的输出端外接（　　　）防止负载过大而损坏器件。

    A. 三极管　　　　B. 二极管　　　　C. 场效应管　　　　D. 反串稳压管

99. KC04 集成触发电路在 3 脚与 4 脚之间的外接电容器 C_1 上形成（　　　）。

    A. 正弦波　　　　B. 三角波　　　　C. 锯齿波　　　　D. 方波

100. 三相桥式可控整流电路电感性负载无续流管的输出电压波形，在控制角 $\alpha >$（　　　）时会出现负电压部分。

    A. 20°　　　　B. 30°　　　　C. 45°　　　　D. 60°

101. 用毫伏表测出电子电路的信号为（　　　）。

    A. 平均值　　　　B. 有效值　　　　C. 直流值　　　　D. 交流值

102. 与环境污染相近的概念是（　　　）。

    A. 生态破坏　　　　B. 电磁辐射污染　　　　C. 电磁噪声污染　　　　D. 公害

103. X62W 铣床使用圆形工作台时必须将圆形工作台转换开关 SA1 置于（　　　）位置。

    A. 左转　　　　B. 右转　　　　C. 接通　　　　D. 断开

104. 西门子 MM420 变频器 P3900 = 2 表示：（　　　）。

    A. 结束快速调试，不进行电动机计算

    B. 结束快速调试，进行电动机计算和复位为工厂值

    C. 结束快速调试，进行电动机计算和 I/O 复位

    D. 结束快速调试，进行电动机计算，但不进行 I/O 复位

105. 电动机在变频调速过程中，为了保持（　　　），必须保持 $U/f =$ 常数。

    A. 定子电流恒定　　　　　　　　　　B. Φ_m 磁通恒定

    C. 输出功率恒定　　　　　　　　　　D. 转子电流恒定

106. 使用兆欧表时，下列做法不正确的是（　　　）。

    A. 测量电气设备绝缘电阻时，可以带电测量电阻

    B. 测量时兆欧表应放在水平位置上，未接线前先转动兆欧表做开路实验，看指针是否在"∞"处，再把 L 和 E 短接，轻摇发电机，看指针是否为"0"，若开路指"∞"，短路指"0"，说明兆欧表是好的

    C. 兆欧表测完后应立即使被测物放电

    D. 测量时，摇动手柄的速度由慢逐渐加快，并保持 120 r/min 左右的转速 1 min 左

右，这时读数较为准确

107. 变频器连接同步电动机或连接几台电动机时，变频器必须在（　　）特性下工作。

    A. 免测速矢量控制　　　　　　　　B. 转差率控制

    C. 矢量控制　　　　　　　　　　　D. U/f 控制

108. 电压负反馈调速系统中，电流正反馈在系统中起（　　）作用。

    A. 补偿电枢回路电阻所引起的稳态速降

    B. 补偿整流器内阻所引起的稳态速降

    C. 补偿电枢电阻所引起的稳态速降

    D. 补偿电刷接触电阻及电流取样电阻所引起的稳态速降

109. X62W 铣床的圆工作台控制开关在"接通"位置时会造成（　　）。

    A. 主轴电动机不能启动　　　　　　B. 冷却泵电动机不能启动

    C. 工作台各方向都不能进给　　　　D. 主轴冲动失灵

110. 三相半波可控整流电路电阻负载，每个晶闸管电流平均值是输出电流平均值的（　　）。

    A. 1/3　　　　　　B. 1/2　　　　　　C. 1/6　　　　　　D. 1/4

111. 分析 X62W 铣床主电路工作原理图时，首先要看懂主轴电动机 M1 的正反转电路、制动及冲动电路，然后再看进给电动机 M2 的（　　），最后看冷却泵电动机 M3 的电路。

    A. Y–△启动电路　　　　　　　　　B. 正反转电路

    C. 能耗制动电路　　　　　　　　　D. 降压启动电路

112. 由或非门组成的基本 RS 触发器，当 RS 为（　　）时，触发器处于不定状态。

    A. 00　　　　　　B. 01　　　　　　C. 10　　　　　　D. 11

113. 旋转式步进电动机有多种，现代应用最多的是（　　）步进电动机。

    A. 反应式　　　　B. 永磁式　　　　C. 混合式　　　　D. 索耶式

114. X62W 铣床的主轴电动机 M1 采用了（　　）启动方法。

    A. Y–△　　　　　B. 全压　　　　　C. 延边△　　　　D. 转子串电阻

115. 20/5 t 桥式起重机的主电路中包含了电源开关 QS、交流接触器 KM1～KM4、（　　）、电动机 M1～M5、电磁制动器 YB1～YB6、电阻器 $R_1 \sim R_5$、过电流继电器等。

    A. 限位开关 SQ1～SQ4　　　　　　B. 欠电压继电器 KV

    C. 凸轮控制器 SA1～SA3　　　　　D. 熔断器 FU2

116. 测绘 X62W 铣床电气控制主电路图时要画出电源开关 QS、（　　）、接触器 KM1～KM6、热继电器 FR1～FR3、电动机 M1～M3 等。

    A. 按钮 SB1～SB6　　　　　　　　B. 行程开关 SQ1～SQ7

    C. 熔断器 FU1　　　　　　　　　　D. 转换开关 SA1～SA2

117. 步进电动机加减速时产生失步和过冲现象，可能的原因是（　　）。

    A. 电动机的功率太小　　　　　　　B. 设置升降速时间过慢

    C. 设置升降速时间过快　　　　　　D. 工作方式不对

118. 两片集成计数器 74LS161，最多可构成（　　）进制计数器。

    A. 256　　　　　　B. 16　　　　　　C. 200　　　　　　D. 100

119. 转速负反馈直流调速系统具有良好的抗干扰性能，它能有效地抑制（　　）。

    A. 给定电压变化的扰动　　　　　　B. 一切前向道上的扰动

C. 反馈检测电压变化的扰动　　　　　　D. 电网电压及负载变化的扰动

120. 双闭环调速系统中，当电网电压波动时，几乎不对转速产生影响，这主要依靠（　　）的调节作用。

  A. ACR 及 ASR   B. ACR   C. ASR   D. 转速负反馈电路

121. 集成运放电路（　　），会损坏运放。

  A. 输出负载过大   B. 输出端开路

  C. 输出负载过小   D. 输出端与输入端直接相连

122. 集成译码器 74LS42 是（　　）译码器。

  A. 变量   B. 显示   C. 符号   D. 二—十进制

123. PLC 中 "AC" 灯不亮表示（　　）。

  A. 故障   B. 短路   C. 无工作电源   D. 不会亮

124. "BATT" 变色灯是后备电源指示灯，绿色表示正常，红色表示（　　）。

  A. 故障，要更换电源   B. 电量低

  C. 过载   D. 以上都不是

125. （　　），积分控制可以使调速系统在无静差的情况下保持恒速运行。

  A. 稳态时   B. 动态时

  C. 无论稳态还是动态过程中   D. 无论何时

126. （　　）就是在原有的系统中，有目的地增添一些装置（或部件），人为地改变系统的结构和参数，使系统的性能获得改善，以满足所要求的稳定性指标。

  A. 系统校正   B. 反馈校正   C. 顺馈补偿   D. 串联校正

127. 三相半控桥式整流电路由三只晶闸管和（　　）功率二极管组成。

  A. 一只   B. 二只   C. 三只   D. 四只

128. 电气控制线路图测绘的方法是先画主电路，再画控制电路；（　　）；先画主干线，再画各支路；先简单后复杂。

  A. 先画机械，再画电气   B. 先画电气，再画机械

  C. 先画输入端，再画输出端   D. 先画输出端，再画输入端

129. T68 镗床的进给电动机采用了（　　）方法。

  A. 频敏变阻器启动   B. 全压启动

  C. Y-△启动   D. △-YY启动

130. 永磁式直流测速发电机受温度变化的影响较小，输出变化小，（　　）。

  A. 斜率高，线性误差大   B. 斜率低，线性误差大

  C. 斜率低，线性误差小   D. 斜率高，线性误差小

131. 集成与非门被封锁，应检查其多余引脚是否接了（　　）。

  A. 悬空   B. 高电平   C. 低电平   D. 并接

132. 带电流正反馈、电流截止负反馈的电压负反馈调速系统具有 "挖土机特性"，这主要与（　　）有关。

  A. 电流正反馈   B. 电流截止负反馈

  C. 电压负反馈   D. 其他环节

133. 三相半波可控整流电路大电感负载无续流管的控制角 α 移相范围是（　　）。

  A. $0° \sim 120°$ B. $0° \sim 150°$ C. $0° \sim 90°$ D. $0° \sim 60°$

134. PLC 更换输入模块时，要在（　　　）情况下进行。

    A. RUN 状态下　　B. 断电状态下　　　　　C. STOP 状态下　　　　　D. 以上都不是

135. 20/5 t 桥式起重机接通电源，扳动凸轮控制器手柄后，电动机不转动的可能原因是（　　）。

    A. 电阻器 $R_1 \sim R_5$ 的初始值过小　　　　B. 凸轮控制器主触点接触不良

    C. 熔断器 FU1 ~ FU2 太粗　　　　　　　D. 热继电器 FR1 ~ FR5 额定值过小

136. 工业控制领域目前直流调速系统中主要采用（　　　）。

    A. 直流斩波器调压　　　　　　　　　　B. 旋转变流机组调压

    C. 电枢回路串电阻 R 调压　　　　　　　D. 静止可控整流器调压

137. 转速、电流双闭环调速系统，在负载变化时出现转速偏差，消除此偏差主要靠（　　）。

    A. 电流调节器　　　　　　　　　　　　B. 转速、电流两个调节器

    C. 转速调节器　　　　　　　　　　　　D. 电流正反馈补偿

138. 变频器常见的频率给定方式主要有：模拟信号给定、操作器键盘给定、控制输入端给定及通信方式给定等，来自 PLC 控制系统时不采用（　　　）方式。

    A. 键盘给定　　　　　　　　　　　　　B. 控制输入端给定

    C. 模拟信号给定　　　　　　　　　　　D. 通信方式给定

139. 以下程序是对输入信号 X0 进行（　　）分频。

    A. 五　　　　　　B. 四　　　　　　　C. 三　　　　　　　D. 二

140. 直流 V – M 调速系统较 PWM 调速系统的主要优点是（　　　）。

    A. 调速范围宽　　　　　　　　　　　　B. 主电路简单

    C. 低速性能好　　　　　　　　　　　　D. 大功率时性价比高

141. 三相半控桥式整流电路电感性负载晶闸管承受的最高电压是相电压 U2 的（　　）倍。

    A. EMBEDEquation. 3　　　　　　　　B. EMBEDEquation. 3

    C. EMBEDEquation. 3　　　　　　　　D. EMBEDEquation. 3

142. 基极电流 i_b 的数值较大时，易引起静态工作点 Q 接近（　　　）。

    A. 截止区　　　　B. 饱和区　　　　　C. 死区　　　　　　D. 交越失真

143. 工作认真负责是（　　　）。

    A. 衡量员工职业道德水平的一个重要方面

    B. 提高生产效率的障碍

    C. 一种思想保守的观念

    D. 胆小怕事的做法

144. 以下不属于 PLC 与计算机正确连接方式的是（　　　）。

　　A. RS232 通信连接　　　　　　　　　B. 超声波通信连接

　　C. RS422 通信连接　　　　　　　　　D. RS485 通信连接

145. 西门子 6RA70 全数字直流调速器使用时，若要恢复工厂设置参数，下列设置（　　　）可实现该功能。

　　A. P051 = 21　　　B. P051 = 25　　　C. P051 = 26　　　D. P051 = 29

146. 欧陆 514 调速器组成的电压电流双闭环系统中，如果要使主回路允许最大电流值减小，应使（　　　）。

　　A. ASR 输出电压限幅值增加　　　　B. ACR 输出电压限幅值增加

　　C. ASR 输出电压限幅值减小　　　　D. ACR 输出电压限幅值减小

147. 爱岗敬业作为职业道德的重要内容，是指员工（　　　）。

　　A. 热爱自己喜欢的岗位　　　　　　B. 热爱有钱的岗位

148. 各种绝缘材料的（　　　）的各种指标是抗张、抗压、抗弯、抗剪、抗撕、抗冲击等各种强度指标。

　　A. 接绝缘电阻　　B. 击穿强度　　　C. 机械强度　　　　D. 耐热性

149. 晶闸管整流装置的调试顺序应为（　　　）。

　　A. 定初始相位、测相序、空升电压、空载特性测试

　　B. 测相序、定初始相位、空升电压、空载特性测试

　　C. 测相序、空升电压、定初始相位、空载特性测试

　　D. 测相序、空升电压、空载特性测试、定初始相位

150. 当初始信号为零时，在阶跃输入信号作用下，积分调节器（　　　）与输入量成正比。

　　A. 输出量的变化率　　　　　　　　B. 输出量的大小

　　C. 积分电容两端电压　　　　　　　D. 积分电容两端的电压偏差

151. 测绘 X62W 铣床电器位置图时要画出电源开关、电动机、（　　　）、行程开关、电器箱等在机床中的具体位置。

　　A. 接触器　　　B. 熔断器　　　　C. 按钮　　　　　D. 热继电器

152. 国产（　　　）系列高灵敏直流测速发电机，除了具有一般永磁直流测速发电机的优点外，还具有结构简单、耦合度好、输出比电势高、反应快、线性误差小、可靠性好的优点。

　　A. CYD　　　　B. ZCF　　　　C. CK　　　　D. CY

153. 实际的自控系统中，RC 串联网络构成微分电路并不是纯微分环节，相当一个（　　　），只有当 $RC \ll 1$ 时，才近似等效为纯微分环节。

　　A. 微分环节与积分环节相串联　　　B. 微分环节与比例环节相串联

　　C. 微分环节与惯性环节相串联　　　D. 微分环节与延迟环节相并联

154. 职业纪律是企业的行为规范，职业纪律具有（　　　）的特点。

　　A. 明确的规定性　　　　　　　　　B. 高度的强制性

　　C. 通用性　　　　　　　　　　　　D. 自愿性

155. 职业道德是人生事业成功的（　　　）。

　　A. 重要保证　　　B. 最终结果　　　C. 决定条件　　　D. 显著标志

156. 下列不属于常用输出电子单元电路的功能有（　　）。
    A. 取信号能力强
    B. 带负载能力强
    C. 具有功率放大
    D. 输出电流较大

157. 三相半波可控整流电路电感性负载，控制角 α 增大时，输出电流波形（　　）。
    A. 降低
    B. 升高
    C. 变宽
    D. 变窄

158. 测绘 T68 镗床电气控制主电路图时要画出电源开关 QS、熔断器 FU1 和 FU2、（　　）、热继电器 FR、电动机 M1 和 M2 等。
    A. 按钮 SB1 ~ SB5
    B. 接触器 KM1 ~ KM7
    C. 行程开关 SQ1 ~ SQ8
    D. 中间继电器 KA1 和 KA2

159. 劳动者的基本权利包括（　　）等。
    A. 完成劳动任务
    B. 提高职业技能
    C. 执行劳动安全卫生规程
    D. 获得劳动报酬

160. 如果触电伤者严重，呼吸停止应立即进行人工呼吸，其频率为（　　）。
    A. 约 12 次/分钟
    B. 约 20 次/分钟
    C. 约 8 次/分钟
    D. 约 25 次/分钟

二、判断题（第 161 题 ~ 第 200 题，每题 0.5 分，共 20 分。）

161. （　　）PLC 的编程语言不可以相互转换。

162. （　　）下图是对 PLC 进行程序检查。

163. （　　）在使用 FX2N 可编程序控制器控制电动机星三角启动时，至少需要使用四个交流接触器。

164. （　　）单相桥式可控整流电路电阻性负载的输出电流波形与输出电压波形相似。

165. （　　）FX2N 系列可编程序控制器常用 M8002 进行系统初始化。

166. （　　）转速电流双闭环调速系统中，要确保反馈极性正确，应构成负反馈，避免出现正反馈，造成过流故障。

167. （　　）多速电机不适于用 PLC 进行控制。

168. （　　）FX2N PLC 共有 256 个定时器。

169. （　　）步进电动机单三拍运行方式，由于是单相通电励磁，不会产生阻尼作用，因此工作在低频区时，由于通电时间长而使能量损耗过大，易产生失步现象。

170. （　　） PLC 与计算机通信只能用 RS－232C 数据线。

171. （　　） PLC 程序上载时要处于 RUN 状态。

172. （　　） 输出软元件可以强制执行。

173. （　　） PLC 程序可以分几段下载。

174. （　　） 以下 FX2N 可编程序控制器程序实现的是 Y0 接通 2S 功能。

175. （　　） 在使用 FX2N 可编程序控制器控制常规车床时，控制信号都是开关量信号。

176. （　　） PLC 梯形图编程时，多个输出继电器的线圈不能并联放在右端。

177. （　　） 控制台（柜）也是 PLC 控制系统设计的重要内容。

178. （　　） 负反馈是指反馈到输入端的信号与给定信号比较时极性必须是负的。

179. （　　） FX2N 系列可编程序控制器的计数器具有掉电保持功能。

180. （　　） 逻辑无环流双闭环可逆调速系统，在整定电流调节器 ACR 正负限幅值时，其依据是 $\alpha_{min}=\beta_{min}=15°\sim30°$。

181. （　　） FX2N 系列可编程序控制器辅助继电器用 T 表示。

182. （　　） 在使用 FX2N 可编程序控制器控制交通灯时，按每个灯的时间编程，不要管系统的时序。

183. （　　） 变频器主电路逆变桥功率模块中每个 IGBT 与一个普通二极管反并联。

184. （　　） LDP 指令的功能是 X000 上升沿接通两个扫描脉冲。

185. （　　） 以下 FX2N PLC 程序可以实现脉冲输出。

186. （　　） PLC 编程软件安装时直接安装即可，无须关闭其他窗口。

187. （　　）变频器的参数设置不正确，参数不匹配，会导致变频器不工作、不能正常工作或频繁发生保护动作甚至损坏。

188. （　　）PLC 编程软件不能模拟现场调试。

189. （　　）FX2N PLC 中 SET 指令的使用同普通输出继电器一样。

190. （　　）三相可控整流触发电路调试时，首先要检查三相同步电压是否对称，再查三相锯齿波是否正常，最后检查输出双脉冲的波形。

191. （　　）以下 FX2N PLC 程序到 15 次后停止计数。

192. （　　）转速电流双闭环直流调速系统中电动机的励磁若接反，则会使反馈极性错误。

193. （　　）PLC 没有输入信号，输入模块指示灯不亮时，应检查是否输入电路开路。

194. （　　）在直流电动机轻载运行时，失去励磁会出现停车故障。

195. （　　）步距角与相数、转子表面的齿槽数有关，与励磁控制方式无关。

196. （　　）数码寄存器的结果出现错误，可能是没有清零端操作。

197. （　　）FX2N 系列可编程序控制器在使用计数器指令时需要配合使用 RST 指令。

198. （　　）爱岗敬业作为职业道德的内在要求，指的是员工只需要热爱自己特别喜欢的工作岗位。

199. （　　）以下 FX2N PLC 程序可以实现循环计数。

```
        X000                                                      K15
0      ──┤├──────────────────────────────────────────────────────( C0 )

        C0
4      ──┤├─────────────────────────────────────────[RST    C0 ]
```

200. （　　）在使用 FX2N 可编程序控制器控制电动机星三角启动时，至少需要使用 PLC 三个输出口。

附录 II   高级电工理论模拟试题参考答案

模拟试题（一）

1~5	BBCCA	6~10	BCDAB	11~15	ADBBC
16~20	CCDCB	21~25	ABCDB	26~30	ACABA
31~35	BBABB	36~40	CBBCB	41~45	DDBDB
46~50	CCDBB	51~55	BADBB	56~60	CCACB
61~65	DCBBB	66~70	CCDBC	71~75	ADBBC
76~80	DCBCB	81~85	CCCDC	86~90	DBBDC
91~95	DDDCB	96~100	ABCBD	101~105	CACAC
106~110	CBCBA	111~115	AABDB	116~120	CDBDC
121~125	DBCCA	126~130	ACBBB	131~135	DACBD
136~140	ACDCB	141~145	BDDCC	146~150	ABCAA
151~155	BCBCC	156~160	CABCA	161~165	√×√×√
166~170	√××√×	171~175	√√√√√	176~180	√√√×√
181~185	√×√×√	186~190	×√√×√	191~195	√×√×√
196~200	√√√√×				

模拟试题（二）

1~5	DCAAA	6~10	ADBBD	11~15	DBDDA
16~20	ADDDD	21~25	ADACA	26~30	DAADA
31~35	AADBD	36~40	CCDDB	41~45	ADDDA
46~50	DAABD	51~55	DACCA	56~60	ADCDA
61~65	ABDBD	66~70	BDAAA	71~75	BABAD
76~80	BCAAB	81~85	BCADD	86~90	BDCAC
91~95	BBDAD	96~100	DDDAA	101~105	CADCC
106~110	ACBAA	111~115	BADCD	116~120	DDADC
121~125	DDADD	126~130	AAADC	131~135	AABBC
136~140	AADAB	141~145	CCAAA	146~150	DCAAA
151~155	DDCBD	156~160	DDABA	161~165	×√×√√

166～170　× × × ×√　　　171～175　× ×√√×　　　176～180　×√√√√

181～185　√√√× ×　　　186～190　×√× ×√　　　191～195　× ×√√×

196～200　√×√× ×

模拟试题（三）

1～5　CBCAB	6～10　AABAD	11～15　ACBCA
16～20　BAADD	21～25　CDCBA	26～30　DACDD
31～35　CCBAC	36～40　ADCAD	41～45　BCDDC
46～50　ADBDC	51～55　ABCAB	56～60　DCAAC
61～65　CDAAC	66～70　ACDBC	71～75　BCDDA
76～80　CACCB	81～85　DDBDD	86～90　DACDC
91～95　AAADD	96～100　CDCDA	101～105　AABDC
106～110　AABCD	111～115　DDDAD	116～120　DDADC
121～125　BCCAB	126～130　ABDDC	131～135　ACDBD
136～140　ABDCD	141～145　BCDDD	146～150　DDADA
151～155　ACCCB	156～160　CCBCB	161～165　√√√√√
166～170　× × × ×	171～175　√√√√√	176～180　√√√√√
181～185　√√√√√	186～190　√√√√√	191～195　× ×√× ×
196～200　√√× × ×		

模拟试题（四）

1～5　BCDCC	6～10　CCCDB	11～15　CABDD
16～20　DDAAD	21～25　DACAD	26～30　DBDAD
31～35　DABBC	36～40　ACBCD	41～45　CDCAC
46～50　CDAAB	51～55　BACAA	56～60　ACBAC
61～65　DADDC	66～70　BACBA	71～75　ABBCA
76～80　CACAD	81～85　DAACB	86～90　CADBB
91～95　DCCCB	96～100　BBDBD	101～105　AACDD
106～110　ADDDC	111～115　BCDCA	116～120　CCDDA
121～125　CCDBD	126～130　CBCAB	131～135　CDCAD
136～140　DBABD	141～145　BCBDB	146～150　DAADB
151～155　AAADC	156～160　BDBAA	161～165　× × × ×√
166～170　×√√√√	171～175　× ×√× ×	176～180　×√√×√
181～185　√× × × ×	186～190　×√√√×	191～195　√√√√√
196～200　√√√√√		

模拟试题（五）

1～5	BDADD	6～10	CAACD	11～15	CBACB
16～20	DDDAB	21～25	DBCDB	26～30	CDADD
31～35	CDDAC	36～40	ACCDB	41～45	CABAD
46～50	DACBB	51～55	CADBC	56～60	BCDBA
61～65	CADCB	66～70	CCDCD	71～75	DCCAA
76～80	DAABA	81～85	BDCCC	86～90	BABBA
91～95	DDDBB	96～100	CBBCA	101～105	DBCCC
106～110	CBDAB	111～115	CCACC	116～120	BACBB
121～125	CCCBD	126～130	CACBD	131～135	ABBCC
136～140	CBBDB	141～145	BABBB	146～150	CCBCC
151～155	AACCC	156～160	ABABC	161～165	×√√×√
166～170	√√××√	171～175	√××√√	176～180	×√√√√
181～185	√√√√√	186～190	×√××√	191～195	√××√√
196～200	√√×√√				

模拟试题（六）

1～5	ACBAA	6～10	ABBAA	11～15	CCABB
16～20	CABDB	21～25	DABDA	26～30	CCDBD
31～35	BDDBC	36～40	BABBB	41～45	CDACD
46～50	ADCDC	51～55	ADBCA	56～60	ADBCC
61～65	BDACB	66～70	ACABC	71～75	DBAAA
76～80	ADABD	81～85	CBAAB	86～90	DBCDA
91～95	BADCC	96～100	BDDCD	101～105	BACCB
106～110	ADACA	111～115	BDABC	116～120	CCADB
121～125	ADCAA	126～130	ACCBD	131～135	CBCBB
136～140	DCADD	141～145	CBABA	146～150	CCCBA
151～155	CACAA	156～160	AABDA	161～165	×√×√√
166～170	√×√√×	171～175	×√××√	176～180	×√×√√
181～185	××××	186～190	×√××√	191～195	××√××
196～200	√√×√√				

附录Ⅲ 部分电路原理图

1. 电动机异地控制电路参考原理图

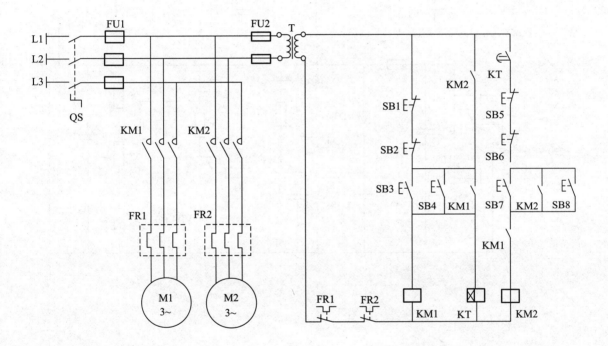

2. 延时定时器电子电路原理图

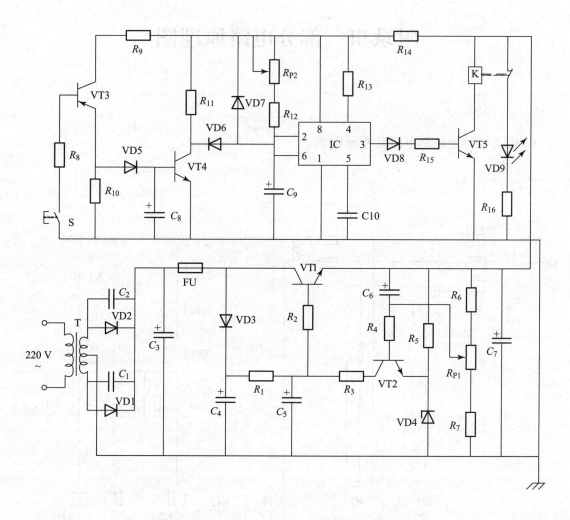

参 考 文 献

[1] 吴建明，张红琴. 电子工艺与实训［M］. 北京：机械工业出版社，2011.

[2] 朱永金. 电子技术实训指导［M］. 北京：清华大学出版社，2005.

[3] 韩晓新. 三菱 FX 系列 PLC 基础及应用［M］. 北京：机械工业出版社，2010.

[4] 秦健. 高级维修电工培训教程［M］. 北京：中国电力出版社，2016.

[5] 肖俊. 维修电工实训［M］. 北京：中国劳动社会保障出版社，2014.

[6] 王雅芳. 电子产品工艺与装配技能实训［M］. 北京：机械工业出版社，2012.